El nacimiento del Alpha de las energías

Energía Renovable

AUTOR: MANUEL FALQUE ARMADA

Fecha comienzo: 29/11/2015 Fecha finalizado: 05/12/2015

Índice de capítulos

Contenido

El nacimiento del Alpha de las energías 1

Índice de capítulos 2

El embrión 3

La undimotriz 5

Mareomotriz 14

Centrales Hidroeléctricas 30

Centrales Térmicas 40

Centrales Nucleares 42

Central térmica solar 50

Centrales Eólicas 59

¿Cuánta energía se puede obtener? 66

Hidroeléctrica Marítima Alpha de las energías 73

Las fórmulas hidráulicas 81

El cambio climático 83

El despertar 95

Expectativa de EB 99

El embrión

Un día cualquiera, de un mes cualquiera del otoño del año entre 1980 y 1985.

Se gestó el nacimiento del Alpha de las energías renovables.

Ese día desde una de las mentes más prodigiosas que he tenido el placer de conocer; mi padre Joaquín Falque Bedos, me propuso sacar energía del mar o de los océanos.

El embrión se lanzó en la lucha de la vida. Junto con muchos más embriones comenzó a trepar para alcanzar la meta y en unos pocos días comenzó a formarse.

Al comienzo, fue un sueño, una esperanza de vida. Como muchas personas han tenido, tienen y tendrán. Algunos sueños, se quedarán en el camino y otros se fortalecerán con el paso del tiempo.

Este embrión, empezó a sentir vida de la forma más rudimentaria, pero mi gran preocupación, no era la forma de obtener la energía eléctrica, mi gran preocupación era preguntarme por qué nadie hablaba de la forma de obtener electricidad del mar.

Miraba las noticias, las revistas especializadas y de lo que se hablaba era de la mareomotriz y de la undimotriz, pero nada se hablaba de que obtuvieran electricidad del salto de agua del mar tal y como lo hacen las hidroeléctricas.

Comienza Google y puedo contratar una herramienta para ponerte en contacto con el mundo sin necesidad de ir a la biblioteca o mirar las revistas, era la época de los 98 o 99.

Miraba páginas y páginas sin resultado, cambiaba la pregunta y seguía sin ver los resultados que deseaba ver.

Comencé entonces a planificar la forma de obtener la electricidad a mi forma.

Primero era una rueda enorme, movida por la corriente.

La deseché a los pocos meses porque me percaté que la noria daría vueltas en los dos sentidos y seguro que no daría el resultado que deseaba.

Pasaron años, pero yo seguía buscando los resultados que deseaba.

Primero, quería ver que algún ingeniero habría intentado crearlo y desechado por no funcionar. Eso me quitaría ese sueño de la cabeza y lo más importante, mi interrogante.

Segundo, quería saber que aún sería el primero en observar dicho logro y seguir pensando en la forma de mejorar mi proyecto.

Pasaron los años y sucedieron muchos acontecimientos en mi vida. Lo que significa que el proyecto pasó a formar parte de un segundo plano.

Hasta que llegó el futuro que todo el mundo no quiere que llegue, pero al final llegamos.

La undimotriz

La energía undimotriz, u olamotriz, es la energía que permite la obtención de electricidad a partir de energía mecánica generada por el movimiento de las olas. Es uno de los tipos de energías renovables más estudiada actualmente, y presenta enormes ventajas frente a otras energías renovables debido a que en ella se presenta una mayor facilidad para predecir condiciones óptimas que permitan la mayor eficiencia en sus procesos. Es más fácil llegar a predecir condiciones óptimas de oleaje, que condiciones óptimas en vientos para obtener energía eólica, ya que su variabilidad es menor.

Este tipo de tecnología fue inicialmente trabajada e implementada en la década de 1980, y ha ido teniendo gran acogida, debido a sus características renovables, y su enorme viabilidad de implementación en un futuro próximo. Su implementación se hace aún más viable entre las latitudes 40° y 60° por las características del oleaje.

Actualmente esta energía ha sido implementada en muchos de los países desarrollados, logrando grandes beneficios para las economías de estos países, debido al alto porcentaje de energía que suple con relación al total de energía que demandan al año.

En Estados Unidos. Se estima que en Estados Unidos alrededor de 55TWh por año son suplidos por energías provenientes del movimiento de las olas. Dicho valor es un 14% del valor total energético que demanda el país al año.

En Europa. Se sabe que en Europa alrededor de 280TWh son provenientes de energías generadas por movimiento de las olas en el año.

Estimación económica del coste de la energía undimotriz (Informe 2010 RTA)

Aun cuando el trabajo y estudio realizado alrededor de este tipo de energía renovable es bastante bajo en relación con otras energías renovables, aparte de los costos de inversión necesarios para la implementación de los equipos y herramientas que permitan el correcto funcionamiento para obtener energía eléctrica a partir del movimiento de las olas, es necesario tener una serie de condiciones geológicas para su óptimo uso.

Esta clase de información me aliviaba y me animaba para seguir con el proyecto adelante.

Sabía que mi proyecto podría competir con las condiciones geológicas y observaba las olas.

El resultado era que no todos los días del año se tenían olas, pero ¿Qué clase de olas necesitan para crear electricidad?

¿Por qué se complican tanto?

El agua del mar está siempre, tengamos olas enormes o sin olas. Solo necesitamos canalizarla, dirigirla al lugar que deseamos.

¿Quién de ustedes no se ha puesto en la playa a hacer un surco en la arena para dirigir el agua resultado de la ola que se marchaba?

Un verano, mirando a mi hijo hacerlo, me vino la idea de canalizar el agua y de la misma forma que en las represas de las hidroeléctricas el agua cae si lo que haces al final del canal es un hueco.

Jugué con el haciendo agujeros y que el agua los llenara, luego metíamos los pies y jugábamos hasta aburrirnos.

Según estudios realizados a lo largo de la historia con respecto a esta energía renovable, se sabe que la cantidad de energía que se puede obtener a partir de ella, es proporcional al periodo de oscilación de las olas, al igual que al cuadrado de la amplitud de estas. Por tal razón se sabe que este tipo de características se hallan en territorios marítimos con profundidades entre 40 y 100 metros. Entre dichas profundidades las características de las olas resultan ser óptimas para la energía undimotriz.

Según la profundidad de instalación de los dispositivos utilizados con este fin se pueden clasificar en:

• Dispositivos en costa (on-shore): Se trata de dispositivos apoyados en la costa: en acantilados rocosos, integrados en estructuras fijas como diques rompeolas o sobre el fondo en aguas poco profundas. Estos dispositivos también se conocen como Dispositivos de Primera Generación. Los dispositivos on-shore presentan unas ventajas importantes en términos de facilidad de instalación, inexistencia de amarres, bajos costes de mantenimiento, mayor supervivencia y menor distancia a costa para el transporte e integración de la energía producida. Sin embargo, su desarrollo está limitado por el reducido número de ubicaciones potenciales, menor nivel energético del oleaje y su impacto medio ambiental y visual.

• Dispositivos cerca de la costa (near-shore): Son dispositivos ubicados en aguas poco profundas (10-40m) y distanciados de la costa unos cientos de metros. Estas profundidades moderadas son apropiadas para dispositivos de gran tamaño apoyados por gravedad sobre el fondo o flotantes. Estos dispositivos también se conocen como Dispositivos de Segunda Generación. La elección de una ubicación near-shore se realiza para superar los problemas asociados a los dispositivos en costa y evitar la necesidad de sistemas de fondeo costosos.

• Dispositivos fuera de la costa u off-shore: Se trata de dispositivos flotantes o sumergidos ubicados en aguas profundas (50-100m). Son el tipo de convertidores más prometedor ya que explotan el mayor potencial energético existente en alta mar. Estos dispositivos también se conocen como Dispositivos de Tercera Generación. Hasta el momento, su desarrollo se ha visto perjudicado y retrasado porque deben hacer uso de tecnologías muy fiables y costosas que garanticen su supervivencia ya que ésta representa un aspecto clave para este tipo de dispositivos. Por lo tanto, la explotación de la energía del oleaje offshore de modo rentable requiere de plantas con potencias instaladas de decenas de megavatios formadas por conjuntos de unidades. Estas plantas multi-dispositivo pueden llegar a ocupar superficies extensas y en consecuencia pueden llegar a interferir con la navegación.

Dificultades de implementación

Uno de los problemas técnicos importantes consiste en cómo absorber la energía mecánica, que incide en un campo aleatorio de velocidades, en energía eléctrica apta para su conexión a la red eléctrica.

El alto costo económico de la inversión inicial demanda que el periodo de amortización de estas centrales sea largo.

Su utilización se circunscribe a zonas costeras o próximas a la costa, por mayor erogación económica que implicaría transportar la energía obtenida a lugares del interior.

Otro inconveniente es el impacto ambiental debido a las instalaciones, que requieren modificación del paisaje para su construcción. Se ha de disponer de mucho espacio para albergar las enormes turbinas, lo cual involucra un impacto ecológico sobre los ecosistemas, habitualmente costeros.

Yo resalto una de las dificultades de implementación de este sistema y pregunto:

¿Existe alguna diferencia con los otros sistemas que se basan en vectores aleatorios que la naturaleza juega con ellos?

Me refiero al viento o al sol. ¿No es cierto que en el correr del año, tenemos días nublados y días sin una gota de viento?

Muchos días están nublados y sin viento, pero nadie dice que sus dificultades son esas mismas que sí se menciona en la undimotriz.

En capítulos siguientes compararé el potencial eléctrico de cada sistema, dicho o explicado por una persona que al parecer es ingeniero o curioso del tema.

Una granja de onda - o de ondas de energía granja o parque de energía de las olas - es una colección de máquinas en el mismo lugar y se utiliza para la generación de energía de las olas de electricidad. Granjas de onda pueden ser tanto en alta mar o cerca de la costa, con el primero el más prometedor para la producción de grandes cantidades de electricidad para la red. La primera granja de onda se construyó en Portugal, el Wave Granja Aguçadoura, que consta de tres máquinas Pelamis. Está previsto que la más grande de mundo para Escocia.

https://es.wikipedia.org/wiki/Energ%C3%ADa_undimotriz

En esta Web podrán leer los datos que les he relatado.

Este tipo de energía se produce cuando generadores de electricidad se colocan en la superficie del océano. La energía de salida está determinada por la altura del oleaje, velocidad de onda, longitud de onda y la densidad del agua.

A diferencia de la energía hidroeléctrica, las olas no pueden contar con el flujo de agua en una misma dirección. Sin embargo todas se desplazan hacia adelante en un movimiento de arriba hacia abajo, donde la altura máxima es la clave que indica la fuerza. De manera que mientras más agitado el mar más fructífero será, pero más difícil obtener la energía.

Debido a esto los ingenieros diseñan centrales eléctricas capaces de absorber la energía de las olas más fuertes sin peligro de naufragio, como fue el caso de dos de ellas, una en Escocia y otra en Noruega que no lograron superar la fuerza de la marea.

¿Ustedes creen en realidad que podrán dominar la fuerza del mar?

Si la mar quisiera, sus inventos estarían colocados en la costa más lejana, destrozados o en el fondo.

Se han hundido barcos mucho más estables, mejor diseñados que sus inventos matemáticos.

Boyas de unas cuantas toneladas han sido arrancadas de su anclaje con cadenas y puestas en la costa.

3 Modelos de plantas generadoras de energía

1.- Existen varios inventos que se han mejorado para obtener energía del mar, como el del japonés Yoshio, quien creó el proyecto de una Columna de Agua Oscilante, que es como un tipo de chimenea instalada en el mar, la cual admite las olas a través de una apertura cerca de la base.

Cuando el nivel del agua sube, el aire que contiene la columna es forzado hacia arriba y afuera, a través de una turbina que gira e impulsa el generador, al volver a caer la ola, el aire es succionado de vuelta de la atmósfera para llenar el vacío resultante, y el turbogenerador es activado nuevamente.

2.- Noruega tiene una estación de energía undimotriz, con un sistema llamado Tapchan, en donde las olas suben por una pendiente de hormigón a una punta a 3 metros encima del nivel del mar, y posteriormente caen a un depósito. El agua finalmente fluye de vuelta al océano a través de una turbina que impulsa a un generador.

3.- El invento más intelectual hasta ahora para recuperar este tipo de energía es el del profesor Stephen Salter con su llamado "Pato de Salter". Son conos que llevan en su interior un sofisticado equipo electrónico construido alrededor de una espina que cabecea sobre las olas e impulsa un generador. El sistema no ha sido lanzado ya que se continúa perfeccionando.

Además de estos inventos ha habido otros que han mejorado los sistemas, sin embargo el gran obstáculo que se tiene para seguir desarrollando e instalando más plantas es el financiero, ya que el mayor costo se encuentra en la construcción de todo el sistema para que opere de manera funcional.

La naturaleza no entiende de procesos matemáticos, la naturaleza lo que le estorba, lo saca sin hacer los cálculos de antemano.

http://www.expoknews.com/que-es-la-energia-undimotriz-y-como-funcionan-sus-plantas/

Ventajas y desventajas de la energía undimotriz

Entre las principales ventajas tenemos:

La energía de las olas es gratuita. No es necesario algún tipo de combustible, y no produce residuos.

No es caro de operar y mantener la energía de las olas.

Puede producir una gran cantidad de energía.

Mantenimiento escaso.

Poco o ningún impacto ambiental.

Entre las desventajas tenemos:

Por su carácter aleatorio, la cantidad de energía obtenida dependerá de los parámetros de la ola.

Es necesario un lugar adecuado para utilizar la energía del oleaje, donde las olas son generalmente fuertes.

Algunos diseños son algo ruidosos. De hecho, también lo son las olas, por lo que cualquier ruido es poco probable que sea un problema.

Debe ser capaz de soportar condiciones climáticas muy difíciles.

Implementación con altas inversiones iniciales.

Leer más:
http://www.monografias.com/trabajos93/energia-undimotriz-i/energia-undimotriz-i.shtml#ixzz3tMzXWt6I

Esto es la undimotriz visto desde mi punto de vista.

Un sistema ineficaz.

Mareomotriz

La energía mareomotriz es la que se obtiene aprovechando las mareas: mediante su empalme a un alternador se puede utilizar el sistema para la generación de electricidad, transformando así la energía mareomotriz en energía eléctrica, una forma energética más segura y aprovechable. Es un tipo de energía renovable, en tanto que la fuente de energía primaria no se agota por su explotación, y es limpia ya que en la transformación energética no se producen subproductos contaminantes gaseosos, líquidos o sólidos. Sin embargo, la relación entre la cantidad de energía que se puede obtener con los medios actuales y el coste económico y ambiental de instalar los dispositivos para su proceso han impedido una penetración notable de este tipo de energía.

Otras formas de extraer energía del mar son: las olas (energía undimotriz), de la diferencia de temperatura entre la superficie y las aguas profundas del océano, el gradiente térmico oceánico; de la salinidad, de las corrientes marinas o la energía eólica marina.

En España, el Gobierno de Cantabria y el Instituto para la Diversificación y Ahorro Energético (IDAE) quieren crear un centro de i+d+i en la costa de Santoña. La planta podría atender al consumo doméstico anual de unos 2500 hogares.

El funcionamiento de una planta mareomotriz, es sencillo, cuando se eleva la marea se abren las compuertas del dique la cual ingresa en el embalse. Después cuando llega a su nivel máximo el embalse, se cierran las compuertas. Luego, cuando la marea desciende por debajo del nivel del embalse alcanzando su amplitud máxima entre este y el mar, se abren las compuertas dejando pasar el agua por las turbinas a través de los estrechos conductos.

APROVECHAMIENTO DE LA ENERGÍA DE LAS MAREAS:

Las mareas son oscilaciones periódicas del nivel del mar. Es difícil darse cuenta de este fenómeno lejos de las costas, pero cerca de éstas se materializan, se hacen patentes por los vastos espacios que periódicamente el mar deja al descubierto y cubre de nuevo.

Este movimiento de ascenso y descenso de las aguas del mar se produce por las acciones atractivas del Sol y de la Luna. La subida de las aguas se denomina flujo, y el descenso reflujo, éste más breve en tiempo que el primero.. Los momentos de máxima elevación del flujo se denominan pleamar y el de máximo reflujo bajamar.

La amplitud de mareas no es la misma en todos los lugares; nula en algunos mares interiores, como en el Mar Negro, entre Rusia y Turquía; de escaso valor en el Mediterráneo, en el que solo alcanza entre 20 y 40 centímetros, es igual débil en el océano Pacífico. Por el contrario, alcanza valor notable en determinadas zonas del océano Atlántico, en el cual se registran las mareas mayores. Así en la costa meridional Atlántica de la República Argentina, en la provincia de Santa Cruz, alcanza la amplitud de 11 metros, de tal modo que en Puerto Gallegos los buques quedan en seco durante la baja marea. Pero aún la supera la marea en determinados lugares, tales como en las bahías de Fundy y Frobisher, en Canadá (13,6 metros), y en algunos rincones de las costas europeas de la Gran Bretaña, en el estuario del Servern

(13,6 metros), y de Francia en las bahías de Mont-Saint-Michel (12,7 metros) y el estuario de Rance (13 metros).

Belidor, profesor en la escuela de Artillería de La Fère (Francia), fue el primero que estudió el problema del aprovechamiento de la energía cinética de las mareas, y previó un sistema que permitía un funcionamiento continuo de dicha energía, empleando para ello dos cuencas o receptáculos conjugados.

La utilización de las mareas como fuente de energía montaba varios siglos. Los ribereños de los ríos costeros ya habían observado corrientes que hacían girar las ruedas de sus molinos, que eran construidos a lo largo de las orillas de algunos ríos del oeste de Francia y otros países en los cuales las mareas vivas son de cierta intensidad. Aún pueden verse algunos de estos molinos en las costas normandas y bretonas francesas. Los progresos de la técnica provocaron el abandono de máquinas tan sencillas de rendimiento, hoy escaso.

Las ideas de Belidor fueron recogidas por otros ingenieros franceses que proyectaron una mareomotriz en el estuario de Avranches, al norte y a 25 Km. De Brest basándose en construir un fuerte dique que cerrase el estuario y utilizar la energía de caída de la marea media, calculando las turbinas para aprovechar una caída comprendida entre 0,5 y 5,6 metros. Los estudios para este proyecto estaban listos a fines de 1923, pero el proyecto fue abandonado.

Otros proyectos se estudiaron en los Estados Unidos para aprovechar la energía de las mareas en las bahías de Fundy y otras menores que se abren en ella, en las cuales las mareas ofrecen desniveles de hasta 16,6 metros. En la Cobscook se construyó una mareomotriz de rendimiento medio, lo cual duró durante pocos años, pues su rendimiento resultaba más caro que las centrales termoeléctricas continentales.

Las teorías expuestas por Belidor en su Tratado de Arquitectura hidráulica (1927) quedaron en el aire; pero la idea de aprovechar la enorme energía de las mareas no fue jamás abandonada del todo; solo cuando la técnica avanzo lo suficiente, surgió un grupo de ingenieros que acometió el proyecto de resolver definitivamente el problema.

La primera tentativa seria para el aprovechamiento de la energía de las mareas se realiza actualmente en Francia, precisamente en el estuario de Rance, en las costas de Bretaña. Solo abarca 2.000 ha. , pero reúne magníficas condiciones para el fin que se busca; el nivel entre las mareas alta y baja alcanza un máximo de 13,5 metros, una de las mayores del mundo. El volumen de agua que entrara en la instalación por segundo se calcula que en 20.000 m3. , cantidad muy superior a la que arroja al mar por segundo el Rin. Su coste será de miles de millones de francos; pero se calcula que rendirá anualmente más de 800 millones de kv/h. Un poderoso dique artificial que cierra la entrada del estuario; una esclusa mantiene la comunicación de éste con el mar y asegura la navegación en su interior.

Todos los elementos de la estación mareomotriz – generadores eléctricos, máquinas auxiliares, las turbinas, los talleres de reparación, salas y habitaciones para el personal director y obreros-, todo está contenido, encerrado entre los muros del poderoso dique que cierra la entrada del estuario. Una ancha pista de cemento que corre a lo largo de todo él.

Los métodos de generación mediante energía de marea pueden clasificarse en estas tres:

Generador de la corriente de marea

Los generadores de corriente de mareputotifiogdfa Tidal Stream Generators (o TSG por sus iniciales inglés) hacen uso de la energía cinética del agua en movimiento a las turbinas de la energía, de manera similar al viento (aire en movimiento) que utilizan las turbinas eólicas. Este método está ganando popularidad debido a costos más bajos y a un menor impacto ecológico en comparación con las presas de marea.

Presa de marea

Las presas de marea hacen uso de la energía potencial que existe en la diferencia de altura (o pérdida de carga) entre las mareas altas y bajas. Las presas son esencialmente los diques en todo el ancho de un estuario, y sufren los altos costes de la infraestructura civil, la escasez mundial de sitios viables y las cuestiones ambientales.

Energía mareomotriz dinámica

La energía mareomotriz dinámica (Dynamic tidal power o DTP) es una tecnología de generación teórica que explota la interacción entre las energías cinética y potencial en las corrientes de marea. Se propone que las presas muy largas (por ejemplo: 30 a 50 km de longitud) se construyan desde las costas hacia afuera en el mar o el océano, sin encerrar un área. Se introducen por la presa diferencias de fase de mareas, lo que lleva a un diferencial de nivel de agua importante (por lo menos 2.3 metros) en aguas marinas ribereñas poco profundas con corrientes de mareas que oscilan paralelas a la costa, como las que encontramos en el Reino Unido, China y Corea. Cada represa genera energía en una escala de 6 a 17 GW.

VENTAJAS Y DESVENTAJAS DE LA ENERGÍA MAREOMOTRIZ

Las ventajas más importantes de estas centrales es que tienen las características convencionales de cualquier central hidroeléctrica. Responden de forma rápida y eficiente a los cambios de carga, generando energía libre de contaminación, y de variaciones estacionales o anuales. Tienen un mantenimiento bajo y una vida prácticamente ilimitada. Este tipo de energía se auto renueva, no contamina, es silenciosa, la materia prima es la marea y es muy barata, funciona en cualquier clima y época del año, y ayuda para que non haya inundaciones.

Ventajas:

Auto renovable. No contaminante. Silenciosa.

Bajo costo de materia prima. No concentra población.

Disponible en cualquier clima y época del año.

La desventaja fundamental es que necesita una gran inversión inicial y se tardan varios años en construir las instalaciones. Otros inconvenientes son los posibles cambios en el ecosistema y el impacto visual y estructural sobre el paisaje costero.

Desventajas:

Impacto visual y estructural sobre el paisaje costero. Localización puntual.

Dependiente de la amplitud de mareas. Traslado de energía muy costoso.

Efecto negativo sobre la flora y la fauna. Limitada.

¿CÓMO FUNCIONA LA ENERGÍA MAREOMOTRIZ?

La energía mareomotriz se produce gracias al movimiento generado por las mareas, esta energía es aprovechada por turbinas, las cuales a su vez mueven la mecánica de un alternador que genera energía eléctrica, finalmente este último está conectado con una central en tierra que distribuye la energía hacia la comunidad y las industrias.

Al no consumir elementos fósiles ni tampoco producir gases que ayudan al efecto invernadero. Se le considera una energía limpia y renovable. Dentro de sus ventajas el ser predecible y tener un suministro seguro con potencial que no varía de forma trascendental anualmente, solo se limita a los ciclos de marea y corrientes.

La instalación de este tipo de energía se realiza en ríos profundos, desembocaduras (estuarios) de río hacia el océano y debajo de este último aprovechando las corrientes marinas

Las Mareas

Participante de este efecto son el sol, la luna y la tierra. Siendo la más importante en esta acción la luna, por su cercanía. La luna y la Tierra ejercen una fuerza que atrae a los cuerpos hacia ellas: esta fuerza de gravedad hace que la Luna y la Tierra se atraigan mutuamente y permanezcan unidas. Como la fuerza de gravedad es mayor cuanto más cerca se encuentren las masas, la fuerza de atracción que ejerce la Luna sobre la Tierra es más fuerte en las zonas más cercanas que en las que están más lejos.

Esta desigual atracción que produce la Luna sobre la Tierra es la que provoca las Mareas en el mar. Como la Tierra es sólida, la atracción de la Luna afecta más a las aguas que a los continentes, y por ello son las aguas las que sufren variaciones notorias de acuerdo a la cercanía de la L

TURBINAS MARINAS HAMMERFEST

Turbinas davis Blue Energy

En la Actualidad año 2009 y 2010 se ha presentado distintas opciones en modelos ya comerciales para la generación de la energía, hay que indicar que después de los daños ambientales producidos en la central mareomotriz La Rance en Francia construida en 1967 los especialistas en los modelos actuales, han minimizado el impacto sobre la vida marina para no repetir los errores de La Rance. Un ejemplo que se repite es la baja velocidad en que se mueven las turbinas, tal como las puertas giratorias que podemos encontrar en los hoteles o centros comerciales esta baja velocidad no significa que no generen potencia la densidad del agua es mucho mayor que cualquier otro tipo de energía en condiciones óptimas.

También existen otras soluciones que están asociadas al aprovechamiento energético marino como:

La energía maremotérmica : la podemos encontrar en zonas tropicales se obtiene por la diferencia de temperaturas entre las aguas profundas y las cercanas a la superficie marina.

La energía undimotriz: es la que obtenemos gracias al movimiento de las olas.

La energía azul: es la energía obtenida por la diferencia en la concentración de la sal entre el agua de mar y el agua de río.

CARACTERÍSTICAS DE LA ENERGÍA MAREOMOTRIZ

La explotación de la energía potencial correspondiente a la sobre elevación del nivel del mar aparece en teoría como muy simple: se construye un dique cerrando una bahía, estuario o golfo aislándolo del mar exterior, se colocan en él los equipos adecuados (turbinas, generadores, esclusas) y luego, aprovechando el desnivel que se producirá como consecuencia de la marea, se genera energía entre el embalse así formado y el mar exterior.

Esta energía es, sin embargo, limitada; la potencia disipada por las mareas del globo terrestre es del orden de 3 TW, de los cuales sólo un tercio se pierde en mareas litorales. Además , para efectividad la explotación, la amplitud de marea debe ser superior a los 4 metros, y el sitio geográfico adecuado, lo que elimina prácticamente el 80% de la energía teóricamente disponible, dejando aprovechables unos 350 TW-hr por año (Bonefille, 1976).A modo de resumen se muestran la fig. 1 los proyectos al año 1982.

Uno de los mayores inconvenientes en la utilización aparece precisamente debido a las características inherentes al fenómeno de las mareas. En efecto, como el nivel del mar varía (con un período del orden de 12 has. 30 min. en las zonas apuntadas), a menos que se tomen las precauciones necesarias, la caída disponible (y la potencia asociada) varían de la misma forma, y por lo tanto se anulan dos veces por día. Además, la marea sigue el ritmo de la luna y no del sol, de manera que hay un retardo diario de 30 min., en las horas en que dichas energía está disponible. Los esquemas teóricos diseñados para salvar esta dificultad resultan antieconómicos y actualmente el problema solo se puede resolver con regulación externa o interconexión.

Como contrapartida, un análisis del promedio de amplitudes demuestra que, a los fines prácticos que se persiguen, el mismo puede considerarse constante a lo largo del año e incluso con el transcurso de los mismos (investigadores franceses y rusos señalan diferencias de 4 al 5% en 18 años); desapareciendo el riesgo de los períodos de sequía, característicos de las centrales hidroeléctricas.

FUTURO DE LA ENERGÍA MAREOMOTRIZ

Los avances actuales de la técnica, el acelerado crecimiento de la demanda energética mundial, y el siempre latente incremento en el precio de los combustibles son factores primordiales que achican cada vez más la brecha entre los costos de generación mareomotriz y los de las fuentes convencionales de energía. Así lo entienden países como Canadá e Inglaterra, donde se incorpora la misma a los planes energéticos como solución a medianos plazos en el proceso de sustitución de plantas termales.

Respecto a la forma de funcionamiento y construcción de las plantas, actualmente se aceptan ciertas premisas básicas como por ejemplo:

Se asume el sistema de embalse único y simple efecto como el más apropiado desde el punto de vista económico.

En lo que hace al diseño constructivo, se adopta en la mayor parte de la obra el uso de cajones prefabricados (caissons) incluso en reemplazo de los diques complementarios de relleno (éstos se reservan solamente para las zonas intertidales).

La importancia de la organización constructiva se hace evidente en la necesidad de reducir el tiempo de cierre y aceleración de este modo el instante de puesta en marcha. Para ello, se cree conveniente colocar las turbo máquinas con posterioridad al cierre de la obra.

Las turbinas Bulbo y strafflo se usan indistintamente para los estudios comparativos de costos, aunque este último tipo reduce en un 20% el peso muerto (hormigón y balasto) de la obra civil. Sin embargo, todavía no hay en el mercado unidades Strafflo de gran diámetro suficientemente probado. En Annapolis Royal (Canadá), se puso en funcionamiento una unidad experimental (d= 7.6

m.)Que servirá para testear las características de funcionamiento en condiciones reales (whitaker, 1982).

La forma de regulación más conveniente es la incorporación de la producción a sistemas o redes de interconexión (cuya capacidad debe ser por lo menos 10 veces superior a la magnitud de la usina) ; o en su defecto una conexión optimizada con centrales de acumulación por bombeo (Gibson y Wilson, 1979) o hidroeléctrica (Bernshtein, 1965, Godin, 1974).

Una de las ventajas más importantes de estas centrales es que tienen las características principales de cualquier central hidroeléctrica convencional, permitiendo responder en forma rápida y eficiente a las fluctuaciones de carga del sistema interconectado, generando energía libre de contaminación, externa de variaciones estacionales o anuales, a un costo de mantenimiento bajo y con una vida útil prácticamente ilimitada.

Dentro de las desventajas se encuentran: la necesidad de una alta inversión inicial (por otra parte características de cualquier obra de explotación energética) sumada al suministro intermitente, variable y desfasado de los bloques de energía.

PROYECTOS MÁS CONOCIDOS A NIVEL MUNDIAL SOBRE LA GENERACIÓN DE ENERGÍA ELÉCTRICA A TRAVÉS DE LA ENERGÍA MAREOMOTRIZ

Onchón, en Corea del Sur.

La primera central mareomotriz fue la de Rance, en Francia, que estuvo funcionando casi dos décadas desde 1967. Consistía en una presa de 720 metros de largo, que creaba una cuenca de 22 Km2. Tenía una exclusa para la navegación y una central con 24 turbinas de bulbo y seis aliviaderos, y generaba 240MW. Desde el punto de vista técnico-económico funcionaba muy satisfactoriamente, y proporcionó muchos datos y experiencias para proyectos del futuro. Rance producía 500 GW/año: 300.000 barriles de petróleo. Sus gastos anuales de explotación en 1975 fueron comparables a los de plantas hidroeléctricas convencionales de la época, no perjudicaban al medio ambiente y proporcionaba grandes beneficios socioeconómicos en la región. Se benefició la navegación del río y se duplicó el número de embarcaciones que pasan por la esclusa, y en el coronamiento de esta estructurase construyó una carretera.

Proyecto Kislogubskaya, de Rusia.

Esta central experimental, ubicada en el mar de Barentz, con una capacidad de 400KW, fue la segunda de esta clase en el mundo. Se empleó un método empleado en Rance: cada módulo de la casa de máquinas, incluidos los turbogeneradores, se fabricaron en tierra y se llevaron flotando hasta el lugar elegido y se hundieron en el lecho previamente elegido y preparado. Se puso en marcha en 1968 y envío electricidad a la red nacional.

El único problema es el elevado costo inicial por KW de capacidad instalada, pero se deberá tener en cuenta que no requiere combustible, no contamina la atmósfera y su vida útil se calcula un siglo.

Por todo ello, sería interesante retomar el estudio de éstas y otras energías renovables no convencionales para asegurar un futuro predecible.

La Rance, en Francia.

En el estuario del río Rance, EDF instaló una central eléctrica con energía mareomotriz. Funciona desde el año 1967, produciendo electricidad para cubrir las necesidades de una ciudad como Rennes (el 9% de las necesidades de Bretaña). El coste del kwh resultó similar o más barato que el de una central eléctrica convencional, sin el coste de emisiones de gases de efecto invernadero a la atmósfera ni consumo de combustibles fósiles ni los riesgos de las centrales nucleares (13 metros de diferencia de marea).

Los problemas medio ambientales fueron bastante graves, como aterramiento del río, cambios de salinidad en el estuario en sus proximidades y cambio del ecosistema antes y después de las instalaciones.

Otros proyectos exactamente iguales, como el de una central mucho mayor prevista en Francia en la zona del Mont Saint Michel, o el de la bahía de Fundy, en Canadá, donde se dan hasta 15 metros de diferencia de marea, o el del estuario del río Severn, en el Reino Unido, entre Gales e Inglaterra, no han llegado a ejecutarse por el riesgo de un fuerte impacto ambiental.

CONCLUSIÓN

Después de realizar este trabajo, se llegó conclusión de que hay que tener en cuenta varios puntos importantes para tener una idea clara sobre el tema.

Lo primero que hay que considerar, es que podemos fomentar el uso de la energía mareomotriz, como así también contar con el uso de todas las energías limpias o alternativas; lo más importante de este punto es terminar de una vez por todas con el uso de combustibles fósiles.

El aprovechamiento del agua como recurso natural, implica tener en cuenta los factores que participan; entre los que podemos citar, la influencia de los astros que producen los movimientos en el mar, o también la presencia de los vientos que producen el oleaje, entre otros; lo más saliente de este uso del mar, es que no contamina. Si bien la inversión de capitales que hay que realizar es grande y que, en nuestro país, es difícil invertir, el uso de energías limpias, es una fuente de ahorro.

Los combustibles fósiles, son los principales productores de energía, también, como dijimos, son responsables en gran parte del calentamiento de la tierra. Si tomamos como base el uso de energías renovables, no sólo evitaríamos la contaminación, sino que también ahorraríamos mucho.

Si tenemos en cuenta que el petróleo, además, constituye un factor sumamente contaminante, solamente tenemos que ver la información sobre los derrames en diferentes ríos y mares; y los hechos desastrosos que causa, no solo en el agua, sino también en la flora y en la fauna.

Leer más:
http://www.monografias.com/trabajos93/energia-mareomotriz/energia-mareomotriz.shtml#ixzz3tN5lBGWD

La energía mareomotriz es la energía asociada a las mareas provocadas por la atracción gravitatoria del Sol y principalmente de la Luna.

Las mareas se aprecian como una variación del nivel del mar, que ocurre cada 12h 30 minutos y puede suponer una diferencia del nivel desde unos 2 metros hasta unos 15 metros, según la diferencia de la topografía costera.

La técnica utilizada consiste en encauzar el agua de la marea en una cuenca y, en su camino, accionar las turbinas de una central eléctrica. Cuando las aguas se retiran, también generan electricidad, usando un generador de turbina reversible.

Cuando pienso en mi sistema y lo comparo con el resto de sistema que utiliza el agua como medio de generar electricidad pienso en esta definición:

Una central eléctrica es una instalación capaz de convertir la energía mecánica, obtenida mediante otras fuentes de energía primaria, en energía eléctrica.

Podemos considerar que el esquema de una central eléctrica es:

En general, la energía mecánica procede de la transformación de la energía potencial del agua almacenada en un embalse; de la energía térmica suministrada al agua mediante la combustión del carbón, gas natural, o fuel, o a través de la energía de fisión del uranio.

Centrales Hidroeléctricas

Fueron las primeras centrales eléctricas que se construyeron.

Una central hidroeléctrica es aquella en la que la energía potencial del agua almacenada en un embalse se transforma en la energía cinética necesaria para mover el rotor de un generador, y posteriormente transformarse en energía eléctrica.

Por ese motivo, se llaman también centrales hidráulicas.

Las centrales hidroeléctricas se construyen en los cauces de los ríos, creando un embalse para retener el agua. Para ello se construye un muro grueso de piedra, hormigón u otros materiales, apoyado generalmente en alguna montaña.

La masa de agua embalsada se conduce a través de una tubería hacia los álabes de una turbina que suele estar a pie de presa, la cual está conectada al generador. Así, el agua transforma su energía potencial en energía cinética, que hace mover los álabes de la turbina.

La Energía hidráulica es la producida por el agua retenida en embalses o pantanos a gran altura (que posee energía potencial gravitatoria). Si en un momento dado se deja caer hasta un nivel inferior, esta energía se convierte en energía cinética y, posteriormente, en energía eléctrica en la central hidroeléctrica.

Ventajas: Es una fuente de energía limpia, sin residuos y fácil de almacenar. Además, el agua almacenada en embalses situados en lugares altos permite regular el caudal del río.

Inconvenientes: La construcción de centrales hidroeléctricas es costosa y se necesitan grandes tendidos eléctricos. Además, los embalses producen pérdidas de suelo productivo y fauna terrestre debido a la inundación del terreno destinado a ellos. También provocan la disminución del caudal de los ríos y arroyos bajo la presa y alteran la calidad de las aguas.

Quiero que piensen seriamente en este desarrollo, pero muy seriamente:

La Energía hidráulica es la producida por el agua retenida en embalses o pantanos a gran altura (que posee energía potencial gravitatoria). Si en un momento dado se deja caer hasta un nivel inferior, esta energía se convierte en energía cinética y, posteriormente, en energía eléctrica en la central hidroeléctrica.

Ahora vamos a razonar lo que dice:

Energía, a rasgos generales, es una habilidad o capacidad para transformar una cosa o poner algo en movimiento. La noción se utiliza para nombrar al recurso de origen natural que puede explotarse a escala industrial mediante la aplicación de tecnología y recursos varios. La energía hidráulica, en este marco, es una variedad de energía que surge a partir del movimiento del agua, sacando provecho de la energía cinética y potencial de los saltos, las mareas o las corrientes de agua.

¿Notan ustedes alguna diferencia entre Hidroeléctrica Marítima y estas definiciones sobre la Hidroeléctrica?

La Hidroeléctrica Marítima utiliza el agua de la misma forma que la hidroeléctrica.

Central hidroeléctrica de pasada. Esta puede definirse como aquella en la que no existe una importante cantidad de agua acumulada en lo que es la zona superior de las turbinas. Es fundamental para el funcionamiento de la misma eso sí que haya siempre un caudal constante de agua para poder asegurar una potencia determinada.

Central hidroeléctrica con embalse de reserva. Como su propio nombre indica este tipo de central se caracteriza por el hecho de que se procede a construir una o más presas para que se pueda contar con agua acumulada arriba de las mencionadas turbinas. Esto da lugar a su vez a que se pueda diferenciar entre las centrales de aprovechamiento por derivación del agua o las de casas de máquinas al pie de la presa.

La Hidroeléctrica Marítima se puede decir que engloba a las dos formas de la hidroeléctrica, puesto que es de pasada; canaliza el agua desde la costa hasta las turbinas.

La Hidroeléctrica Marítima tiene el embalse de agua de forma natural e ilimitadamente, puesto que el agua de los océanos no solo que no sufre la sequía, sino que está aumentando unos pocos centímetros por año.

Por lo tanto la Hidroeléctrica Marítima cumple con las leyes de tener el embalse o la fuente de agua por encima de las turbinas y si se obtiene electricidad en las hidroeléctricas, también de igual forma obtenemos electricidad en las Hidroeléctricas Marítimas.

Las ventajas de las centrales hidroeléctricas son evidentes:

No requieren combustible, sino que usan una forma renovable de energía, constantemente repuesta por la naturaleza de manera gratuita.

Es limpia, pues no contamina ni el aire ni el agua.

A menudo puede combinarse con otros beneficios, como riego, protección contra las inundaciones, suministro de agua, caminos, navegación y aún ornamentación del terreno y turismo.

Los costos de mantenimiento y explotación son bajos.

Las obras de ingeniería necesarias para aprovechar la energía hidráulica tienen una duración considerable.

La turbina hidraúlica es una máquina sencilla, eficiente y segura, que puede ponerse en marcha y detenerse con rapidez y requiere poca vigilancia siendo sus costes de mantenimiento, por lo general, reducidos.

Contra estas ventajas deben señalarse ciertas desventajas:

Los costos de capital por kilovatio instalado son con frecuencia muy altos.

El emplazamiento, determinado por características naturales, puede estar lejos del centro o centros de consumo y exigir la construcción de un sistema de transmisión de electricidad, lo que significa un aumento de la inversión y en los costos de mantenimiento y pérdida de energía.

La construcción lleva, por lo común, largo tiempo en comparación con la de las centrales termoeléctricas.

La disponibilidad de energía puede fluctuar de estación en estación y de año en año.

Las ventajas de las centrales Hidroeléctricas Marítimas son evidentes:

No requieren combustible, sino que usan una forma renovable de energía, constantemente repuesta por la naturaleza de manera gratuita.

Es limpia, pues no contamina ni el aire ni el agua.

A menudo puede combinarse con otros beneficios, aún ornamentación del terreno y turismo.

Los costos de mantenimiento y explotación son bajos.

Las obras de ingeniería necesarias para aprovechar la energía hidráulica tienen una duración considerable.

La turbina hidráulica es una máquina sencilla, eficiente y segura, que puede ponerse en marcha y detenerse con rapidez y requiere poca vigilancia siendo sus costes de mantenimiento, por lo general, reducidos.

Contra estas ventajas deben señalarse ciertas desventajas de la Hidroeléctricas Marítimas:

Los costos de capital por kilovatio instalado son con frecuencia altos.

El emplazamiento, determinado por características naturales, puede estar lejos del centro o centros de consumo y exigir la construcción de un sistema de transmisión de electricidad, lo que significa un aumento de la inversión y en los costos de mantenimiento y pérdida de energía. Aunque no es necesariamente principal este detalle, puesto que muchas ciudades están muy cerca de la costa o pegadas a la misma.

Esquema central Hidroeléctrica de bombeo

Las centrales de bombeo son un tipo especial de centrales hidroeléctricas que posibilitan un empleo más racional de los recursos hidraúlicos de un país.

Disponen de dos embalses situados a diferente nivel. Cuando la demanda de energía eléctrica alcanza su máximo nivel a lo largo del día, las centrales de bombeo funcionan como una central convencional generando energía.

Al caer el agua, almacenada en el embalse superior, hace girar el rodete de la turbina asociada a un alternador.

Después el agua queda almacenada en el embalse inferior. Durante las horas del día en la que la demanda de energía es menor el agua es bombeada al embalse superior para que pueda hace el ciclo productivo nuevamente.

Para ello la central dispone de grupos de motores-bomba o, alternativamente, sus turbinas son reversibles de manera que puedan funcionar como bombas y los alternadores como motores.

Principales componentes de una Central Hidroeléctrica

La Presa

El primer elemento que encontramos en una central hidroeléctrica es la presa o azud, que se encarga de atajar el río y remansar las aguas.

Con estas construcciones se logra un determinado nivel del agua antes de la contención, y otro nivel diferente después de la misma. Ese desnivel se aprovecha para producir energía.

En la Hidroeléctrica Marítima:

La presa es la misma playa o la misma costa o tierra que retiene la masa de agua.

Los Aliviaderos

Los aliviaderos son elementos vitales de la presa que tienen como misión liberar parte del agua detenida sin que esta pase por la sala de máquinas.

Se encuentran en la pared principal de la presa y pueden ser de fondo o de superficie.

La misión de los aliviaderos es la de liberar, si es preciso, grandes cantidades de agua o atender necesidades de riego.

Para evitar que el agua pueda producir desperfectos al caer desde gran altura, los aliviaderos se diseñan para que la mayoría del líquido se pierda en una cuenca que se encuentra a pie de presa, llamada de amortiguación.

Para conseguir que el agua salga por los aliviaderos existen grandes compuertas, de acero que se pueden abrir o cerrar a voluntad, según la demanda de la situación.

En Hidroeléctrica Marítima no precisamos aliviaderos.

Tomas de agua

Las tomas de agua son construcciones adecuadas que permiten recoger el líquido para llevarlo hasta las máquinas por medios de canales o tuberías.

La toma de agua de las que parten varios conductos hacia las tuberías, se hallan en la pared anterior de la presa que entra en contacto con el agua embalsada. Esta toma además de unas compuertas para regular la cantidad de agua que llega a las turbinas, poseen unas rejillas metálicas que impiden que elementos extraños como troncos, ramas, etc. puedan llegar a los álabes y producir desperfectos.

En la Hidroeléctrica Marítima esta toma de agua es una tubería especial con una forma especial, puesto que sin esta toma de agua no podríamos producir electricidad.

Casa de máquinas

Es la construcción en donde se ubican las máquinas (turbinas, alternadores, etc.) y los elementos de regulación y comando.

En la figura siguiente tenemos el corte esquemático de una central de caudal elevado y baja caída. La presa comprende en su misma estructura a la casa de máquinas.

Se observa en la figura que la disposición es compacta, y que la entrada de agua a la turbina se hace por medio de una cámara construida en la misma presa. Las compuertas de entrada y salida se emplean para poder dejar sin agua la zona de las máquinas en caso de reparación o desmontajes.

En la Hidroeléctrica Marítima la casa de máquinas puede ser de varias formas y modelos.

Desarrollo de la energía hidroeléctrica

La primera central hidroeléctrica se construyó en 1880 en Northumberland, Gran Bretaña. El renacimiento de la energía hidráulica se produjo por el desarrollo del generador eléctrico, seguido del perfeccionamiento de la turbina hidráulica y debido al aumento de la demanda de electricidad a principios del siglo XX. En 1920 las centrales hidroeléctricas generaban ya una parte importante de la producción total de electricidad.

La tecnología de las principales instalaciones se ha mantenido igual durante el siglo XX. Las centrales dependen de un gran embalse de agua contenido por una presa. El caudal de agua se controla y se puede mantener casi constante. El agua se transporta por unos conductos o tuberías forzadas, controlados con válvulas y turbinas para adecuar el flujo de agua con respecto a la demanda de electricidad. El agua que entra en la turbina sale por los canales de descarga. Los generadores están situados justo encima de las turbinas y conectados con árboles verticales. El diseño de las turbinas depende del caudal de agua; las turbinas Francis se utilizan para caudales grandes y saltos medios y bajos, y las turbinas Pelton para grandes saltos y pequeños caudales.

Además de las centrales situadas en presas de contención, que dependen del embalse de grandes cantidades de agua, existen algunas centrales que se basan en la caída natural del agua, cuando el caudal es uniforme. Estas instalaciones se llaman de agua fluente. Una de ellas es la de las Cataratas del Niágara, situada en la frontera entre Estados Unidos y Canadá.

A principios de la década de los noventa, las primeras potencias productoras de hidroelectricidad eran Canadá y Estados Unidos. Canadá obtiene un 60% de su electricidad de centrales hidráulicas. En todo el mundo, la hidroelectricidad representa aproximadamente la cuarta parte de la producción total de electricidad, y su importancia sigue en aumento. Los países en los que constituye fuente de electricidad más importante son Noruega (99%), Zaire (97%) y Brasil (96%). La central de Itaipú, en el río Paraná, está situada entre Brasil y Paraguay; se inauguró en 1982 y tiene la mayor capacidad generadora del mundo.

Presa de Itaipú puede observarse la presa de Itaipú, proyecto conjunto de Brasil y Paraguay sobre las aguas del río Paraná, y su central hidroeléctrica, la mayor del mundo, de la que se obtienen importantes recursos energéticos para ambos países y el conjunto regional. Con una altura de 196 m, y 8 km. de largo, cuenta con 14 vertederos que actúan como cataratas artificiales. Como referencia, la presa Grand Coulee, en Estados Unidos, genera unos 6.500 Mw y es una de las más grandes. En algunos países se han instalado centrales pequeñas, con capacidad para generar entre un kilovatio y un megavatio. En muchas regiones de China, por ejemplo, estas pequeñas presas son la principal fuente de electricidad. Otras naciones en vías de desarrollo están utilizando este sistema con buenos resultados.

Centrales Térmicas

Una central térmica para producción de energía eléctrica, es una instalación en donde la energía mecánica que se necesita para mover el rotor del generador y por tanto para obtener la energía eléctrica, se obtiene a partir del vapor formado al hervir el agua en una caldera.

El vapor generado tiene una gran presión, y se hace llegar a las turbinas para que su expansión sea capaz de mover los álabes de las mismas.

Las denominadas termoeléctricas clásicas son de: carbón, de fuel o gas natural. En dichas centrales la energía de la combustión del carbón, fuel o gas natural se emplea para hacer la transformación del agua en vapor.

Una central térmica clásica se compone de una caldera y de una turbina que mueve al generador eléctrico. La caldera es el elemento fundamental y en ella se produce la combustión del carbón, fuel o gas.

¿Qué es una central térmica convencional?

En las centrales térmicas convencionales (o termoeléctricas convencionales) se produce electricidad a partir de combustibles fósiles como carbón, fueloil o gas natural, mediante un ciclo termodinámico de agua-vapor. El término 'convencionales' sirve para diferenciarlas de otras centrales térmicas, como las nucleares o las de ciclo combinado.

Impactos medioambientales de las centrales térmicas convencionales

La incidencia de este tipo de centrales sobre el medio ambiente se produce de dos maneras básicas:

Emisión de residuos a la atmósfera

Este tipo de residuos provienen de la combustión de los combustibles fósiles que utilizan las centrales térmicas convencionales para funcionar y producir electricidad. Esta combustión genera partículas que van a parar a la atmósfera, pudiendo perjudicar el entorno del planeta.

Por eso, las centrales térmicas convencionales disponen de chimeneas de gran altura que dispersan estas partículas y reducen, localmente, su influencia negativa en el aire.

Además, las centrales termoeléctricas disponen de filtros de partículas que retienen una gran parte de estas, evitando que salgan al exterior.

Transferencia térmica

Algunas centrales térmicas (las denominadas de ciclo abierto) pueden provocar el calentamiento de las aguas del río o del mar.

Este tipo de impactos en el medio se solucionan con la utilización de sistemas de refrigeración, cuya tarea principal es enfriar el agua a temperaturas parecidas a las normales para el medio ambiente y así evitar su calentamiento.

Por lo tanto no pueden considerarse renovables y mucho menos limpias.

No voy a entrar en más detalles de este sistema.

Centrales Nucleares

Una central o planta nuclear es una instalación industrial empleada para la generación de energía eléctrica a partir de energía nuclear. Se caracteriza por el empleo de combustible nuclear fisionable que mediante reacciones nucleares proporciona calor que a su vez es empleado, a través de un ciclo termodinámico convencional, para producir el movimiento de alternadores que transforman el trabajo mecánico en energía eléctrica. Estas centrales constan de uno o más reactores.

El núcleo de un reactor nuclear consta de un contenedor o vasija en cuyo interior se albergan bloques de un material aislante de la radioactividad, comúnmente se trata de grafito o de hormigón relleno de combustible nuclear formado por material fisible (uranio-235 o plutonio-239). En el proceso se establece una reacción sostenida y moderada gracias al empleo de elementos auxiliares que absorben el exceso de neutrones liberados manteniendo bajo control la reacción en cadena del material radiactivo; a estos otros elementos se les denominan moderadores.

Rodeando al núcleo de un reactor nuclear está el reflector cuya función consiste en devolver al núcleo parte de los neutrones que se fugan de la reacción.

Las barras de control que se sumergen facultativamente en el reactor, sirven para moderar o acelerar el factor de multiplicación del proceso de reacción en cadena del circuito nuclear.

El blindaje especial que rodea al reactor, absorbe la radiactividad emitida en forma de neutrones, radiación gamma, partículas alfa y partículas beta.

Un circuito de refrigeración externo ayuda a extraer el exceso de calor generado.

Las instalaciones nucleares son construcciones complejas por la escasez de tecnologías industriales empleadas y por la elevada sabiduría con la que se les dota. Las características de la reacción nuclear hacen que pueda resultar peligrosa si se pierde su control.

La energía nuclear se caracteriza por producir, además de una gran cantidad de energía eléctrica, residuos nucleares que hay que albergar en depósitos especializados. Por otra parte no produce contaminación atmosférica de gases derivados de la combustión que producen el efecto invernadero, ya que no precisan del empleo de combustibles fósiles para su operación.

Las centrales nucleares constan principalmente de cuatro partes:

El reactor nuclear, donde se produce la reacción nuclear.

El generador de vapor de agua (sólo en las centrales de tipo PWR).

La turbina, que mueve un generador eléctrico para producir electricidad con la expansión del vapor.

El condensador, un intercambiador de calor que enfría el vapor transformándolo nuevamente en líquido.

El reactor nuclear es el encargado de realizar la fisión de los átomos del combustible nuclear, como uranio, generando como residuo el plutonio, liberando una gran cantidad de energía calorífica por unidad de masa de combustible.

El generador de vapor es un intercambiador de calor que transmite calor del circuito primario, por el que circula el agua que se calienta en el reactor, al circuito secundario, transformando el agua en vapor de agua que posteriormente se expande en las turbinas, produciendo el movimiento de éstas que a la vez hacen girar los generadores, produciendo la energía eléctrica. Mediante un transformador se aumenta la tensión eléctrica a la de la red de transporte de energía eléctrica.

Después de la expansión en la turbina el vapor es condensado en el condensador, donde cede calor al agua fría refrigerante, que en las centrales PWR procede de las torres de refrigeración. Una vez condensado, vuelve al reactor nuclear para empezar el proceso de nuevo.

Las centrales nucleares siempre están cercanas a un suministro de agua fría, como un río, un lago o el mar, para el circuito de refrigeración, ya sea utilizando torres de refrigeración o no.

Ventajas de la energía nuclear

La generación de energía eléctrica mediante energía nuclear permite reducir la cantidad de energía generada a partir de combustibles fósiles (carbón y petróleo). La reducción del uso de los combustibles fósiles implica la reducción de emisiones de gases contaminantes (CO_2 y otros).

Actualmente se consumen más combustibles fósiles de los que se producen de modo que en un futuro no muy lejano estos recursos se agotarían o el precio subiría tanto que serían inaccesibles para la mayoría de la población.

Otra ventaja está en la cantidad de combustible necesario; con poca cantidad de combustible se obtienen grandes cantidades de energía. Esto supone un ahorro en materia prima pero también en transportes, extracción y manipulación del combustible nuclear. El coste del combustible nuclear (generalmente uranio) supone el 20% del coste de la energía generada.

La producción de energía eléctrica es continua. Una central nuclear está generando energía eléctrica durante prácticamente un 90% de las horas del año. Esto reduce la volatilidad en los precios que hay en otros combustibles como el petróleo.

Esta continuidad favorece a la planificación eléctrica. La energía nuclear no depende de aspectos naturales. Con esto se solventa la gran desventaja de las energías renovables, como en los casos de la energía solar o la energía eólica, en que los horas de sol o de viento no siempre coinciden con las horas de más demanda energética.

Al ser una alternativa a los combustibles fósiles no se necesita consumir tanta cantidad de combustibles como el carbón o el petróleo. La reducción del consumo de carbón y petróleo ayuda a reducir el problema del calentamiento global del cambio climático del planeta. Al reducir el consumo de combustibles fósiles también mejoraría la calidad del aire que respiramos con lo que ello implicaría en el descenso de enfermedades y calidad de vida.

Desventajas de la energía nuclear

Anteriormente hemos comentado la ventaja que supone la utilización de la energía nuclear para la reducción del consumo de combustibles fósiles. Se trata de un argumento muy utilizado por las organizaciones a favor de la energía nuclear pero es una verdad a medias. Hay que tener en cuenta que la gran parte del consumo de combustibles fósiles proviene del transporte por carretera, de su uso en los motores térmicos (automóviles de gasoil, gasolina... etc.). El ahorro en combustibles fósiles en la generación de energía eléctrica es proporcionalmente muy bajo.

A pesar del alto nivel de sofisticación de los sistemas de seguridad de las centrales nucleares el componente humano siempre tiene cierta repercusión. Ante un imprevisto o en la gestión de un accidente nuclear no se puede garantizar que las decisiones tomadas por los responsables sean siempre las más apropiadas. Tenemos dos buenos ejemplos en Chernobyl y en Fukushima.

El accidente nuclear de Chernobyl es, por el momento, el peor accidente nuclear de la historia. Una sucesión de decisiones equivocadas por el personal que gestionaba la central acabó causando una fuerte explosión nuclear.

En el caso del accidente nuclear de Fukushima, una vez producido el accidente, la actuación del personal encargado de gestionarlo fue muy cuestionada. Después del accidente de Chernobyl, el accidente nuclear de Fukushima fue el segundo peor de la historia.

Una desventaja importante es la difícil gestión de los residuos nucleares generados. Los residuos nucleares tardan muchísimos años en perder su radioactividad y peligrosidad.

Los reactores nucleares, una vez construidos, tienen fecha de caducidad. Pasada esta fecha deben desmantelarse, de modo que en los principales países de producción de energía nuclear para mantener constante el número de reactores operativos deberían construirse aproximadamente 80 nuevos reactores nucleares en los próximos diez años.

Debido precisamente a que las centrales nucleares tienen una vida limitada. La inversión para la construcción de una planta nuclear es muy elevada y hay que recuperarla en muy poco tiempo, de modo que esto hace subir el coste de la energía eléctrica generada. En otras palabras, la energía generada es barata comparada con los costes del combustible, pero el tener que amortizar la construcción de la planta nuclear la encarece sensiblemente.

Las centrales nucleares son objetivo para las organizaciones terroristas.

Genera dependencia del exterior. Poco países disponen de minas de uranio y no todos los países disponen de tecnología nuclear, por lo que tienen que contratar ambas cosas en el extranjero.

Los reactores nucleares actuales funcionan mediante reacciones nucleares por fisión. Estas reacciones se producen en cadena de modo que si los sistemas de control fallasen cada vez se producirían más y más reacciones hasta provocar una explosión radioactiva que sería prácticamente imposible de contener.

Probablemente la desventaja más alarmante sea el uso que se le puede dar a la energía nuclear en la industria militar. El primer uso que se le dió a la energía nuclear fue para construir dos bombas nucleares que se lanzaron sobre Japón durante la Segunda Guerra Mundial. Esta fue la primera y útima vez que se utilizó la energía nuclear en un ataque militar. Más tarde, varios paises firmaron el Tratado de No Proliferación Nuclear, pero el riesgo que en el futuro se vuelvan a utilizar armas nucleares siempre existirá.

Ventajas de la fusión nuclear frente a la fisión nuclear

Actualmente la generación de energía eléctrica en los reactores nucleares se realiza mediante reacciones de fisión nuclear. La fusión nuclear, por el momento, no es aplicable para generar energía eléctrica. Está en vía de desarrollo, pero si la fusión nuclear fuera practicable, ofrecería las grandes ventajas respecto a la fisión nuclear:

Obtendríamos una fuente de combustible prácticamente inagotable.

Evitaríamos accidentes en el reactor por las reacciones en cadena que se producen en las fisiones.

Los residuos generados son mucho menos radiactivos.

Por otra parte, la energía nuclear de fusión es inviable debido a la dificultad para calentar el gas a temperaturas tan altas y para mantener un número suficiente de núcleos durante un tiempo suficiente para obtener una energía liberada superior a la necesaria para calentar y retener el gas resulta altamente costoso.

Yo soy de los que quieren vivir seguros, sin sustos de radioactividad, por muy seguros que sean.

Por ejemplo: Los rayos X son perjudiciales, se tienen que poner protecciones de plomo.

En una fuga de una central de estas. ¿Todos tendríamos que vivir en casas hechas de plomo?

No me hagan caso, es un ejemplo inocente y sin sentido, pero lo dejo estar en el aire.

Central térmica solar

Una central térmica solar o central termosolar es una instalación industrial en la que, a partir del calentamiento de un fluido mediante radiación solar y su uso en un ciclo termodinámico convencional, se produce la potencia necesaria para mover un alternador para generación de energía eléctrica como en una central termoeléctrica clásica. Consiste en el aprovechamiento térmico de la energía solar para transferirla y almacenarla en un medio portador de calor, generalmente agua. Esta es una de las ventajas de la tecnología CSP, el almacenamiento térmico. La tecnología más comúnmente utilizada para almacenar esta energía son las sales fundidas (nitratos) de almacenamiento térmico. La composición de estas sales es variable, siendo la más utilizada la mezcla de nitrato de potasio, nitrato de sodio y últimamente se ha incorporado el nitrato de calcio.

Constructivamente, es necesario concentrar la radiación solar para que se puedan alcanzar temperaturas elevadas, de 300 º C hasta 1000 º C, y obtener así un rendimiento aceptable en el ciclo termodinámico, que no se podría obtener con temperaturas más bajas. La captación y concentración de los rayos solares se hacen por medio de espejos con orientación automática que apuntan a una torre central donde se calienta el fluido, o con mecanismos más pequeños de geometría parabólica. El conjunto de la superficie reflectante y su dispositivo de orientación se denomina heliostato.

Los fluidos y ciclos termodinámicos escogidos en las configuraciones experimentales que se han ensayado, así como los motores que implican, son variados, y van desde el ciclo Rankine (centrales nucleares, térmicas de carbón) hasta el ciclo Brayton (centrales de gas natural) pasando por muchas otras variedades como el motor de Stirling, siendo las más utilizadas las que combinan la energía termosolar con el gas natural.

Hay virtualmente una provisión ilimitada de energía solar que podemos usar y es una energía renovable. Esto significa que nuestra dependencia de combustibles fósiles se puede reducir en proporción directa a la cantidad de energía solar que producimos. Con el constante incremento en la demanda de fuentes de energía tradicionales y el consiguiente aumento en los costos, la energía solar es cada vez más una necesidad.

La energía solar

El Sol es una esfera gaseosa formada, fundamentalmente, por helio, hidrógeno y carbono. Su masa es 330.000 veces la masa de la Tierra y se estima que su edad es de unos 6.000 millones de años.

El Sol se comporta como un reactor nuclear que transforma la energía nuclear en energía de radiación, energía que llega a la Tierra. Sin embargo, no toda la energía que se produce en el Sol llega a la superficie terrestre. Al atravesar la atmósfera, la radiación pierde intensidad a causa de la absorción, la difusión y la reflexión por acción de: gases, vapor de agua y partículas en suspensión de la atmósfera.

Así, la radiación que la tierra recibe del Sol se puede dividir en:

Radiación directa: es la que atraviesa la atmósfera sin sufrir ningún cambio en su dirección.

Radiación dispersa o difusa: es la que recibimos después de los fenómenos de reflexión y difusión.

Podríamos decir que a la Tierra llega una gran cantidad de energía solar en forma de radiaciones. Por eso, la energía solar es un recurso energético importante a tener en cuenta.

Aprovechamiento de la energía solar

Actualmente, existen dos vías principales de aprovechamiento de la energía solar:

Energía solar térmica

El aprovechamiento de la energía solar térmica consiste en usar la radiación del Sol para calentar un fluido que, en función de su temperatura, se utiliza para producir agua caliente, vapor o energía eléctrica.

Los sistemas para aprovechar la energía solar por la vía térmica se pueden dividir en tres grupos:

Sistemas a baja temperatura. El calentamiento del agua se produce por debajo de su punto de ebullición, es decir, 100ºC. La mayor parte de los equipos basados en esta tecnología se aplican en la producción de agua caliente sanitaria y en climatización.

Sistemas a media temperatura. Se utilizan en esas aplicaciones que necesitan temperaturas entre 100 y 300ºC para calefacción, proporcionando calor en procesos industriales, suministro de vapor, etc.

Sistemas a alta temperatura. Se utilizan en aplicaciones que necesitan temperaturas superiores a 250 o 300ºC como, por ejemplo, para producir vapor o para la generación de energía eléctrica en centrales termosolares.

Energía solar fotovoltaica

La energía solar fotovoltaica se aprovecha transformándola directamente en electricidad mediante el efecto fotovoltaico. Esta transformación se lleva a cabo mediante células fotovoltaicas.

¿Qué es una central solar?

Las centrales solares son instalaciones destinadas a aprovechar la radiación del Sol para generar energía eléctrica. Existen 2 tipos de instalaciones con las que se puede aprovechar la energía del Sol para producir electricidad:

En la central termosolar se consigue la generación eléctrica a partir del calentamiento de un fluido con el cual, mediante un ciclo termodinámico convencional, se consigue mover un alternador gracias al vapor generado de él.

En la instalación fotovoltaica la obtención de energía eléctrica se produce a través de paneles fotovoltaicos que captan la energía luminosa del Sol para transformarla en energía eléctrica. Para conseguir la transformación se emplean células fotovoltaicas fabricadas con materiales semiconductores.

Una central termosolar es una instalación que permite el aprovechamiento de la energía del Sol para producir electricidad utilizando un ciclo térmico parecido al de las centrales térmicas convencionales. Hay diferentes esquemas de centrales termosolares, aunque las más importantes son:

Centrales de torre central. Disponen de un conjunto de espejos direccionales de grandes dimensiones que concentran la radiación solar en un punto. El calor es transferido a un fluido que circula por el interior de la caldera y lo transforma en vapor, empezando así un ciclo convencional de agua-vapor.

Centrales de colectores distribuidos. Utilizan los llamados colectores de concentración, que concentran la radiación solar que reciben en la superficie, lo cual permite obtener, con buenos rendimientos, temperaturas de hasta 300ºC, suficientes para producir vapor a alta temperatura, que se usa para generar electricidad o también para otros procesos industriales.

Funcionamiento de una central termosolar

Una central termosolar de torre central está formada por un campo de espejos direccionales de grandes dimensiones que reflejan la luz del Sol y concentran los rayos reflejados en una caldera situada en una torre de gran altura.

En la caldera, la aportación calorífica de la radiación solar es absorbida por un fluido térmico que es conducido hacia un generador de vapor, en el cual transfiere su calor a un segundo fluido (generalmente agua) para convertirlo en vapor.

Este vapor se conduce a una turbina para transformar su energía en energía mecánica que se transformará en electricidad en el alternador.

El vapor se lleva a un condensador donde vuelve a su estado líquido para poder repetir un nuevo ciclo de producción de vapor.

La producción en una central solar depende de las horas de insolación. Por eso, para aumentar su producción se acostumbra a disponer de sistemas de aislamiento térmico intercalados en el circuito de calentamiento.

Puedes saber más de las centrales termosolares en el siguiente juego interactivo.

Limitaciones de las centrales termosolares

El desarrollo de este tipo de centrales hace frente a varias limitaciones:

Económicas: sus costes de explotación son aún muy altos, por eso no son competitivas ante otro tipo de centrales.

Tecnológicas: aún se deben realizar muchas mejoras para aumentar la eficiencia de los sistemas de concentración y almacenaje.

Estacionalidad: hay que hacer frente a la variabilidad de la radiación solar y las incertidumbres meteorológicas.

Parques fotovoltaicos

El efecto fotovoltaico es un fenómeno físico que consiste en la conversión de la energía luminosa en energía eléctrica. La energía de radiación (fotones) que incide sobre una estructura heterogénea de material (célula fotovoltaica) es absorbida por electrones de las capas más externas de los átomos que forman este material, eso crea una corriente eléctrica interior de una tensión determinada.

Las células se conectan en serie para formar un módulo fotovoltaico.

El elemento básico de un parque fotovoltaico es el conjunto de células fotovoltaicas que captan la energía solar, transformándola en corriente eléctrica continua. Las células fotovoltaicas están integradas en módulos que, al unirse, formarán placas fotovoltaicas.

La corriente continua generada se envía, en primer lugar, a un armario de corriente continua donde se producirá la transformación con la ayuda de un inversor de corriente y, finalmente se lleva a un centro de transformación donde se adapta la corriente a las condiciones de intensidad y tensión de las líneas de transporte de la red eléctrica.

Puedes conocer más acerca del funcionamiento de los parques fotovoltaicos en el siguiente juego.

Limitaciones de los parques fotovoltaicos

Las tecnologías disponibles se han de optimizar para que la eficiencia de las células fotovoltaicas pueda mejorar hasta llegar a cifras del orden del 18-20%.

España es un país pionero en desarrollo de esta tecnología y se facilitan ayudas económicas a este tipo de producción eléctrica.

Impacto sobre el medio ambiente de las centrales solares

Desde el punto de vista medio ambiental, la producción de electricidad a partir de este tipo de sistemas tiene grandes ventajas:

No genera ningún tipo de emisiones atmosféricas.

No produce fluentes líquidos.

Evita el uso de combustibles fósiles.

A pesar de esto, las grandes centrales termosolares pueden generar un gran impacto sobre el paisaje y necesitan grandes superficies para colocar los espejos direccionales.

Cabe mencionar también que una vez han terminado su vida útil, las placas fotovoltaicas dejan residuos que deben ser tratados específicamente.

Centrales Eólicas

¿Qué es una central eólica?

El parque eólico es una central eléctrica donde la producción de la energía eléctrica se consigue a partir de la fuerza del viento, mediante aerogeneradores que aprovechan las corrientes de aire.

El viento es un efecto derivado del calentamiento desigual de la superficie de la Tierra por el Sol.

El principal problema de los parques eólicos es la incertidumbre respecto a la disponibilidad de viento cuando se necesita. Lo que implica que la energía eólica no puede ser utilizada como fuente de energía única y deba estar respaldada siempre por otras fuentes de energéticas con mayor capacidad de regulación (térmicas, nucleares, hidroeléctricas, etc.).

Para aprovechar la energía eólica se utilizan los aerogeneradores.

El aerogenerador

Un aerogenerador es un generador de electricidad activado por la acción del viento. El viento mueve la hélice y a través de un sistema mecánico de engranajes hace girar el rotor de un generador, que produce la corriente eléctrica.

Los principales componentes de un aerogenerador son:

La góndola: es la carcasa que protege los componentes clave del aerogenerador.

Las palas del rotor: capturan el viento y transmiten su potencia hacia el buje. Tienen una longitud de 20m.

El buje: es un elemento que une las palas del rotor con el eje de baja velocidad.

Eje de baja velocidad: conecta el buje del rotor al multiplicador. Gira muy lento, a 30 rpm.

El multiplicador: permite que el eje de alta velocidad que está a su derecha gire 50 veces más rápido que el eje de baja velocidad.

Eje de alta velocidad: gira aproximadamente a 1.500 rpm, lo que permite el funcionamiento del generador eléctrico.

El generador eléctrico: en los aerogeneradores modernos la potencia máxima suele estar entre 6 y 12MW.

El controlador electrónico: es un ordenador que continuamente monitoriza las condiciones del aerogenerador y controla el mecanismo de orientación.

La unidad de refrigeración: contiene un ventilador eléctrico utilizado para enfriar el generador eléctrico.

La torre: soporta la góndola y el rotor. Generalmente es una ventaja disponer de una torre alta, dado que la velocidad del viento aumenta a medida que nos alejamos del nivel del suelo

El mecanismo de orientación: está activado por el controlador electrónico, que controla la dirección del viento utilizando el panel.

El anemómetro y el panel: las señales electrónicas del anemómetro conectan el aerogenerador cuando el viento tiene una velocidad aproximada de 5m/s.

Tipos de aerogeneradores

Actualmente existe una gran variedad de modelos de aerogeneradores que se diferencian entre ellos por su potencia, por el número de palas o incluso por la manera de producir energía eléctrica atendiendo a diferentes criterios:

Por la posición del aerogenerador

Eje vertical: su característica principal es que el eje de rotación se encuentra en posición perpendicular al suelo:

Darrieus: consisten en dos o tres arcos que giran alrededor del eje.

Panemonas: cuatro o más semicírculos unidos al eje central.

Sabonius: dos o más filas de semicilindros colocados de forma opuesta.

Eje horizontal: son los más habituales y en los que se ha invertido un mayor esfuerzo para su mejora en los últimos años. Se les denomina también "HAWTs".

Por la orientación respecto al viento:

A sobre viento. La mayoría de los aerogeneradores tienen este diseño. En este tipo de aerogeneradores el viento empieza a desviarse de la torre antes de llegar, aunque la torre sea redonda y lisa.

A bajo viento. Las máquinas de corriente baja tienen el rotor situado en la cara de bajo viento de la torre. Pueden ser construidos sin un mecanismo de orientación.

Funcionamiento de una central eólica

Para producir electricidad con una central eólica es necesario que el viento sople a una velocidad de entre 3 y 25m/s.

El viento hace girar las palas al incidir sobre ellas, convirtiendo así la energía cinética del viento en energía mecánica que se transmite al rotor. Esta energía se transmite mediante un eje de baja velocidad a la caja del multiplicador, de donde sale a una velocidad 50 veces mayor. Es entonces cuando se puede transmitir al eje del generador eléctrico para producir energía eléctrica.

En un aerogenerador se crea electricidad estática al producirse el roce del viento sobre él. Esta electricidad estática se descarga a través de una presa en el suelo que tienen todos los aerogeneradores. Esta presa en el suelo se instala porque, debido a la altura de la torre, se crea una diferencia de potencial entre el suelo y el aerogenerador.

Tienes a tu disposición un juego interactivo que te explica, de una manera más gráfica, el funcionamiento de los parques eólicos.

Los aerogeneradores y el medio ambiente

La energía eólica es de las más limpias, renovables y abundantes, ya que los aerogeneradores eléctricos no producen emisiones contaminantes (atmosféricas, residuos, vertidos líquidos...) y no contribuyen, por lo tanto, al efecto invernadero ni a la acidificación.

No obstante, también existen factores negativos, algunas de consecuencias medio ambientales son:

El impacto visual. Mientras que un parque de pocos aerogeneradores puede hasta llegar a considerarse atractivo, una gran concentración de máquinas plantea problemas. Para evitarlo, se suelen utilizar colores adecuados, una cuidada ubicación de las instalaciones en la orografía del lugar y una precisa distribución de los aerogeneradores.

El impacto sobre las aves. Se trata de un impacto potencial que, si bien no reviste gravedad en términos generales, depende principalmente de la ubicación del parque eólico. En aquellos parques en que se sitúen en áreas sensibles, puede ser minimizado a través de programas de vigilancia y seguimiento.

La flora y la fauna. Una central eólica puede tener efectos directos en la modificación del hábitat existente en la zona y de algunos de los organismos que en él habitan, generando ruidos y movimientos que afectan el comportamiento de los animales.

El efecto sonoro. Un aerogenerador produce un ruido similar al de cualquier otro equipamiento industrial de la misma potencia. La diferencia recae en que mientras los equipamientos convencionales se encuentran normalmente cerrados en edificios diseñados para minimizar su nivel sonoro, los aerogeneradores tienen que trabajar al aire libre y cuentan con un elemento transmisor de sonido: el propio viento.

El impacto por erosión. Se producen principalmente por el movimiento de tierras durante la preparación de los accesos al parque eólico. Esta incidencia se puede reducir mediante estudios previos a su trazado.

Las interferencias electromagnéticas. El gran tamaño de los aerogeneradores puede producir una interferencia en las ondas de radio, telefonía, televisión, etc. cuando las aspas están en movimiento.

Estas energías, la solar como la eólica, la undimotriz, son energías que son ineficaces, pero no por el hecho de que sean malas, estén mal hechas o no cumplan con las leyes físicas. Son ineficaces porque tienen su energía principal variable, por lo tanto la electricidad que nos va a resultar de dichos sistemas será una energía variable y no constante.

¿Se podría realizar matemáticamente?

Sí se puede, pero yo con la lógica lo resuelvo todo o casi todo.

Si tendríamos que decir o comparar con una base común o un dato común como 8760 horas de producción:

¿Estos sistemas producirían el 100% de energía?

Dependería del factor X que sería igual al de horas no productivas, por lo tanto tendríamos:

Eficiente= Horas productivas – X

Si el resultado es igual a 8760, el sistema en cuestión sería un sistema eficaz.

Para saber el grado de eficacia tendríamos que realizar otras operaciones matemáticas. Unos varemos nos dirían los márgenes de eficacia e ineficacia.

Por ejemplo:

¿Hidroeléctrica Marítima es eficaz o ineficaz?

Yo plantearía una serie de preguntas, tales como:

¿Cuántas horas al año pierde la materia prima (Agua de mar)?

El agua de mar está las 8760 horas del año, no conozco ni un solo día del agua que el agua sea bloqueada por el viento o el sol o las nubes.

Por lo tanto tendremos:

Eficiente= Horas de producción (8760)- X (Horas sin producción) (0) = 8760-0= 8760 horas de producción= Eficiente

Otra forma de ver cuál es mejor sistema es ver la potencia de las máquinas que puede tener en producción.

Por ejemplo:

Hidroeléctrica puede tener máquinas de 1024 MWh

Por lo tanto la Hidroeléctrica Marítima es eficaz por tiempo y por potencia de máquinas que puede tener produciendo electricidad.

¿Cuánta energía se puede obtener?

¿Cómo se mide la velocidad del viento?

En la mayoría de los casos, la velocidad de viento se mide mediante:

Un anemómetro, que mide su magnitud.

Existen varios tipos:

Anemómetro ultrasónico

Anemómetro de láser

Anemómetro de hélice

Anemómetro de cazoleta. Es el más utilizado.

El principio de funcionamiento del anemómetro de cazoleta es muy sencillo. Se unen a un eje un determinado número de cazoletas (normalmente tres), de tal modo que la incidencia del viento sobre ellas hace que el anemómetro gire a una velocidad proporcional a la velocidad de viento.

Posteriormente, esta velocidad de giro es transformada en una señal eléctrica mediante un generador que produce una tensión proporcional a la velocidad de giro o un encoder que genera una secuencia de pulsos de frecuencia proporcional a la velocidad de giro.

Una veleta que nos informa sobre su dirección.

El funcionamiento de la veleta es todavía más sencillo. La veleta está formada por un elemento móvil que puede girar libremente para orientarse en la dirección del viento, y un transductor que permite traducir esa posición a una señal eléctrica. Normalmente este transductor es simplemente un potenciómetro que, cuando se alimenta con una fuente de tensión fija, nos da una tensión de salida proporcional a la posición de la veleta.

Una medida precisa de la velocidad del viento es fundamental para estimar correctamente el potencial eólico de una determinada localización ya que, como veremos más adelante, la energía disponible depende del cubo de la velocidad, por lo que errores pequeños en la medida pueden causar grandes errores en la estimación energética.

$V_h = V_0 * (h/h_0)^2$

Velocidad a la altura h V_h

Velocidad a la altura conocida h_0 V_0

Coeficiente de rugosidad del terreno a

¿Cuánta potencia puedo producir?

La ecuación básica que nos indica la energía cinética que posee un móvil de masa, viene dada por la expresión:

$E_c = 1/2\ mv^2$

Energía cinética E_c

Masa de aire móvil m

Velocidad de la masa de aire v

En el caso que nos ocupa, no deseamos calcular la energía cinética de un objeto, sino de un flujo de aire que atraviesa la superficie que cubre un aerogenerador. La potencia disponible en el aire es:

$$P = (p*A*v^3)/2$$

Potencia disponible en el aire P

Superficie que cubre el aerogenerador A

Velocidad del viento V

Densidad del aire 1,225 kg/m^3 p

Una turbina eólica nunca va a ser capaz de extraer toda esta energía, por lo que es interesante disponer de un factor que nos indique la eficiencia de una determinada máquina. Ese factor es el coeficiente de potencia C_p, que mide la relación entre la energía captada y la disponible. Es decir:

$$C_p = \text{Energía captada}/(p*A*v^3)/2$$

Coeficiente de potencia C_p

Potencia disponible en el aire P

Superficie que cubre el aerogenerador A

Velocidad del viento v

Densidad del aire 1,225 kg/m^3 p

¿Cuánta energía puedo producir?

La energía que se puede generar en un salto de agua vendrá dado por el producto de la potencia del mismo y el tiempo que esté funcionando.

La potencia de un salto de agua se obtiene de una ecuación muy sencilla:

$P=9,81*Q*H*p$

Es la potencia en kW P

Es el caudal en m^3/sg Q

Es el salto útil en m H

Es el rendimiento en % inicialmente se puede tomar un valor de 0,8 o 0,9

Para el caso de Eléctrica Marítima tendremos:

$P=9,81*Q*H*p = 9,81* 992 *6*0,86= 50215kW$

Conocida la potencia del aprovechamiento, bastará multiplicarla por las horas de un determinado periodo durante las que va a funcionar la instalación para obtener la energía producida.

La energía producida será:

Como el caudal fuera constante durante un día entonces tendremos $E=P*24= 50215*24= 1205151.437kWh$

Como el caudal fuera constante durante un mes entonces tendremos $E=P*24*30= 36154543.1 = P*720= 36154543.1kWh$

Y en un año: E=P*8760= 439880274.4 kWh

Hidroeléctrica Marítima no tendría necesariamente una máquina.

Turbina hidráulica

En este apartado se van a abordar los diferentes tipos de turbinas, con el fin de analizar sus propiedades básicas, de forma que posteriormente se pueda justificar la elección de una de ellas y entrar en detalle en su funcionamiento y posibilidades. Así, en primera instancia pasamos a presentar los diferentes tipos de turbinas.

Una turbina hidráulica es una turbomáquina motora hidráulica, que aprovecha la energía de un fluido que pasa a través de ella para producir un movimiento de rotación que, transferido mediante un eje, mueve directamente una máquina o bien un generador que transforma la energía mecánica en eléctrica, así son el órgano fundamental de una central hidroeléctrica.

Por ser turbomáquinas siguen la misma clasificación de estas, y pertenecen, obviamente, al subgrupo de las turbomáquinas hidráulicas y al subgrupo de las turbomáquinas motoras. En el lenguaje común de las turbinas hidráulicas se suele hablar en función de las siguientes clasificaciones:

De acuerdo al cambio de presión en el rodete o al grado de reacción

Turbinas de acción: Son aquellas en las que el fluido de trabajo no sufre un cambio de presión importante en su paso a través de rodete.

Turbinas de reacción: Son aquellas en las que el fluido de trabajo si sufre un cambio de presión importante en su paso a través de rodete.

Para clasificar a una turbina dentro de esta categoría se requiere calcular el grado de reacción de la misma. Las turbinas de acción aprovechan únicamente la velocidad del flujo de agua, mientras que las de reacción aprovechan además la pérdida de presión que se produce en su interior.

Esta clasificación es la más determinista, ya que entre las distintas de cada género las diferencias sólo pueden ser de tamaño, ángulo de los álabes o cangilones, o de otras partes de la turbomáquina distinta al rodete. Los tipos más importantes son:

Turbina Kaplan: son turbinas axiales, que tienen la particularidad de poder variar el ángulo de sus palas durante su funcionamiento. Están diseñadas para trabajar con saltos de agua pequeños y con grandes caudales. (Turbina de reacción)

Turbina Hélice: son exactamente iguales a las turbinas Kaplan, pero a diferencia de estas, no son capaces de variar el ángulo de sus palas.

Turbina Pelton: Son turbinas de flujo transversal, y de admisión parcial. Directamente de la evolución de los antiguos molinos de agua, y en vez de contar con álabes o palas se dice que tiene cucharas. Están diseñadas para trabajar con saltos de agua muy grandes, pero con caudales pequeños. (Turbina de acción)

Turbina Francis: Son turbinas de flujo mixto y de reacción. Existen algunos diseños complejos que son capaces de variar el ángulo de sus álabes durante su funcionamiento. Están diseñadas para trabajar con saltos de agua medios y caudal medios.

Turbina Ossberger / Banki / Michell: La turbina OSSBERGER es una turbina de libre desviación, de admisión radial y parcial. Debido a su número específico de revoluciones cuenta entre las turbinas de régimen lento. El distribuidor imprime al chorro de agua una sección rectangular, y éste circula por la corona de paletas del rodete en forma de cilindro, primero desde fuera hacia dentro y, a continuación, después de haber pasado por el interior del rodete, desde dentro hacia fuera.

Es una turbina hidráulica de impulso diseñada para saltos de desnivel medio. El rodete de una Turgo se parece a un rodete Pelton partido por la mitad. Para la misma potencia, el rodete Turgo tiene la mitad del diámetro que el de un rodete Pelton y dobla la velocidad específica.

Hidroeléctrica Marítima Alpha de las energías

El Alpha de las energías sin ninguna duda es el agua de los océanos y por consiguiente, la Hidroeléctrica Marítima.

Ese gran coloso desconocido por todo el mundo de ingenieros, de hecho hasta hoy en día ningún ingeniero lo ha puesto en marcha tal y como yo lo he asimilado.

Una sola empresa que yo conozca, se ha atrevido a desafiarme poniendo su sistema de forma no lógica.

Digo que es una forma no lógica porque suben el agua hasta más de 40 metros de altura para luego dejarla caer, cuando la lógica magna y suprema nos dice que todo esfuerzo, si es simple se obtiene mejor rendimiento.

Subir el caudal hasta esos metros, equivale a un montón de horas, un gasto innecesario de máquinas para bombear todo el caudal necesario para dejarlo caer por la noche.

No confío que lo hagan de esa forma, pero pronto se sabrá y entonces tendrán que desmantelar toda la instalación.

Hidroeléctrica Marítima es sencilla, es eficaz e ilimitada. Por eso es el Alpha de todos los sistemas que hoy por hoy existen en el Planeta tierra.

La sencillez está fundada en las leyes de la física, de la naturaleza y en la protección del medio ambiente.

Ventajas de la energía hidroeléctrica Marítima a pequeña escala o gran escala son:

Es una fuente limpia y renovable de energía: No consume agua, solo utiliza su energía potencial. No emite gases invernaderos y los impactos al sector donde se instala la central no son significativos.

Disponibilidad: Este recurso es inagotable mientras el ciclo del agua perdure y se conserve en la mar.

Bajos costos de operación: Ya que no se requiere de combustibles y las necesidades de mantenimiento son relativamente bajas.

Funciona a Temperatura ambiente y "operación en frio": no se requiere emplear sistemas de refrigeración o calderas que consumen energía y en muchos casos contaminan.

Eficiencia: Esta tecnología posee altas eficiencias de conversión de la energía potencial a energía mecánica y eléctrica (entre 75% y 90%) que es mayor al de otras tecnologías.

Vida útil: La tecnología es robusta y posee larga vida útil. Los sistemas pueden mantenerse funcionando por 50 años o más sin requerir grandes inversiones para reemplazar componentes.

Se pretende que la fauna marina pueda coexistir con la evolución del ser humano, al igual que la flora marina.

Las ciudades que pueden albergar una plataforma Hidroeléctrica Marítima tienen como medio de vida el turismo y la pesca, por lo tanto la construcción de una plataforma no tiene porqué destruir su forma de vida, sino todo lo contrario, tenemos que dar confort a sus vidas.

Una persona confortable, segura y próspera, trabaja con mejor entusiasmo y al sentirse mejor produce más.

Por lo tanto, la economía de la comarca será más rica y obtendrá menos deudas.

Pero eso sería hablar de contabilidad, rendimiento, producción, rentabilidad y valores que en este libro no voy a expandirme.

Hablemos de una plataforma Hidroeléctrica Marítima.

Una plataforma EBHM; que es como se podría denominar, aunque se podría llamar HJ100 o PT435 o MH0001 o Plataforma 1 para no tener que estar patentando nombres innecesariamente.

Consta de una obra civil, como toda hidroeléctrica.

Un edificio o estructura de una altura no inferior a la altura de caída del agua. Esta construcción puede construirse en tierra (Playa o costa), ensenada, en altamar u en otro lugar tal y como lo explica la patente.

Un caudal o tubería o canal circular por donde circulará el agua respetando la Ley de Coriolis.

El caudal caerá de forma gravitacional sobre la turbina, tal y como se explica en la patente.

Las turbinas o rodetes o norias trabajarán respetando la Ley de la hidráulica, las cuales harán girar los generadores o los alternadores para generar electricidad.

La electricidad se multiplicará antes de llegar a los transformadores y desde estos a la red eléctrica de la Nación.

Poniendo en práctica las fórmulas de los ingenieros, Hidroeléctrica Marítima podría abastecer a 2433 hogares con una sola máquina funcionando, pero casa hogar podría consumir 540 kWh por día y esto de forma ininterrumpida e ilimitada. En realidad serían muchos más hogares los que se podrían estar beneficiando de este sistema, pero para no entrar en discusiones, diremos que son los que son y ninguno más.

Hablemos ahora un poco sobre la lógica de la Hidroeléctrica Marítima.

Si en efecto y pruebas de su buen funcionamiento, tenemos las hidroeléctricas fluviales con saltos de >2 m de altura de salto y hasta <600 metros de altura, cumpliendo lo que se dijo en el apartado de las Hidroeléctricas, que las máquinas tienen que estar por debajo de la altura de caída del agua.

Entonces la Hidroeléctrica Marítima, respetando esa regla, tiene que producir electricidad, con la diferencia que la represa la tiene de forma natural, con acorde a la naturaleza.

Me refiero a que la represa es la misma tierra de la playa o de la costa, aunque también se puede colocar en altamar.

Hablando sobre este tema, recuerdo una conversación que tuve con un vendedor de turbinas:

Al explicarle lo que quería, lo único que no comprendía era el cuello de botella que se crearía con la salida del agua al mar y la masa de agua que tenemos ejerciendo vectores contrarios al de salida.

Le expliqué que la corriente puede llegar a ser de 2 nudos/h o lo que es lo mismo a 3,7 km/h y la salida de evacuación de la planta podría llegar a superar esa velocidad, por lo tanto nunca nos encontraríamos en esa tesitura, pero si sucediera, lo único que tendríamos que hacer en poner la salida un poco inclinada para que los vectores no fueran encontrados y sí cortados.

Nunca más me hablo, ni para darme los precios.

Cuando me encuentro con una persona de pocas luces, que sigue al pie de la letra lo que le han enseñado en la universidad, la verdad me da lástima, porque pienso que lo que han hecho en la universidad es estudiar para pasar los exámenes y no para ejercitar la imaginación y buscar nuevas teorías, razonar y discernir lo que le están enseñando y no quedarse estancados y encima no aceptar nuevas ideas o nuevos conceptos.

Cuando hablo y comparo el mecanismo de la Hidroeléctrica Marítima, abren los ojos, les cambia la cara y se marchan.

Cuando es fácil de comprender, asimilar y comparar con lógica.

Una hidroeléctrica que funciona en la realidad a seis (6) metros de caída libre de agua por gravedad hacia las máquinas que están a cero (0) metros del nivel del suelo; no a nivel del mar, funciona y produce electricidad.

La plataforma 1, llamémosla de esta forma.

Tenemos el nivel del agua a cero (0) metros del nivel del mar y las máquinas las colocamos a menos seis (-6) metros, se cuestionan de que pueda funcionar.

¿Cuál es la altura de caída del agua?

Seis metros en los dos casos.

6-0=6

0-6=6 Bueno en realidad si lo hacemos de forma matemática el resultado nos da -6, pero la distancia no se debe de interpretar como menos seis, sino como seis metros de altura de caída del agua.

Es lo mismo que decir 3+2=5 2+3=5 y que alguno me diga que 2+3 no es igual a 5 porque no está en el lugar correspondiente para hallar el resultado final.

Aclarado este término, podríamos decir que entonces la diferencia de una y otra hidroeléctrica es la obra civil.

Ciertamente la única diferencia está en la densidad del agua:

La densidad del agua del mar es una de sus propiedades más importantes. Su variación provoca corrientes. Es determinada usando la ecuación internacional de estado del agua de mar a presión atmosférica, que es formulada por la Unesco (UNESCO Technical Papers in Marine Science, 1981) a partir de los trabajos realizados a lo largo de todo este siglo para conocer las relaciones entre las variables termodinámicas del agua del mar: densidad, presión, salinidad y temperatura. La densidad de la típica agua del mar (agua salada con un 3,5 % de sales disueltas) suele ser de 1,02819 kg/L a los −2 °C, 1,02811 a los 0 °C, 1,02778 a los 4 °C, etc.

Cuando la densidad del agua dulce o agua de río es de 1kg/L.

Podemos despreciar los decimales, pero el resultado no sería el mismo y hablando de cientos de litros serían 102 litros de agua de mar por 100 litros de agua de río.

Lo que vamos a despreciar es la construcción de la represa, porque al despreciarla, el coste nos va a salir mucho menos, tanto en coste de tiempo como en coste de inversión.

¿Por qué utilizar una represa, cuando la tenemos ya realizada de forma natural?

Esa es una de las diferencias con la hidroeléctrica fluvial, pero la otra diferencia importante que tenemos es que no dependemos de los factores climáticos como: la sequía, el viento, el sol, las olas o la marea.

Somos totalmente independientes y eso nos hace diferente al resto de sistemas dependientes de todos los factores climáticos antes mencionados.

Al ser dependientes de vectores aleatorios, ya se dijo en otro apartado, nos hace el sistema aleatorio y con un final de ineficacia cuando se precisa cada día más energía eléctrica.

"Por primera vez líderes buscarán acordar un nuevo acuerdo de cambio climático vinculante que incluye contribuciones de todos los principales países emisores"

El cambio climático, si se podría frenar con la reducción de CO_2 o lo que es lo mismo la reducción de emisiones de CO_2 por el consumo de fósiles en la generación de energía, la Hidroeléctrica Marítima podría reducir al 100% ese consumo porque tiene potencia para producir la misma o más cantidad que la que producen las naciones en esta producción de energía.

"Este verano, vi los efectos del cambio climático de primera mano en el estado más al norte de nuestro país, Alaska, en donde el mar ya está en niveles en los que se traga pueblos y erosiona costas (...) en donde los glaciares se derriten a un paso sin precedente en tiempos modernos", dijo Obama durante su discurso. "Y fue una antesala de un posible futuro, una pequeña mirada al destino de nuestros niños si el clima sigue cambiando más rápido que nuestros esfuerzos para enfrentarlo".

Hidroeléctrica Marítima puede, pero siempre que las naciones deseen y pidan que se instalen las plataformas que se precisa para la reducción que se está pidiendo desde hace varios años.

El Presidente estadounidense dijo que el crecimiento económico puede darse sin incrementar las emisiones de carbón, añadiendo que la creciente polución pone en riesgo la economía mundial y a futuras generaciones.

Las fórmulas hidráulicas

Tipo de Turbina
TT=Rv√(ns/H2VH)

| | 1491 | kW |

Potencia Hidráulica
PH=g*Q*H*eT

| | 50215 | kW |

Potencia útil
Pu=g*Q*H*eT

| | 50215 | kW |

Eficiencia Trubina
eT=0,863-0,264*(D/H)

| | 86.00% |

Energía Instalada
E=Pu*eT

| | 43185 | kWh |

Q=1347
   992
H=6
    6
TT=283
     1491
PH=121
    50215
Pu=1001
    50215
E=598198
    43185
Ep=2392792
    43185
eT=83
    86.00%
g=9,81
    9.81
Rg=0.925
    0.9375
L=200
    300
d=0,08
    0.8
Dr=0,08
    0.8
hf=324
    530768

vd=1,434
      1.434
Pe=1,0065
      1.02819
Rv=400
      400
ns=1600
      1225

Falta mucho por realizar.

Mi objetivo es poder crear un pequeño prototipo y probarlo en la misma playa y encender una bombilla de 12w con un alternador pequeño.

Escavaré la profundidad que se precisa para colocar la caja del lugar donde se colocará el rodete.

Una vez que se coloque en el fondo, se realizará la formación del desnivel que se precisa para que el agua entre con la potencia que se precisa, para mover el rodete y con la misma potencia mueva el volante o rueda de polea que moverá la rueda del alternador y encienda la bombilla.

Espero que un Ingeniero conocido pueda ser testigo de que sí funcionó. La promesa de él está realizada, pero yo comprendo que no siempre se tiene la posibilidad, que se tienen compromisos, que el mundo no gira alrededor de mi ombligo, sino del centro de un lugar que es inmenso y por mucha matemática que se quiera emplear es imposible tener la certeza de su lugar.

De la misma forma pienso sobre las personas, no tengo la certeza que siempre se puedan cumplir con las promesas que se hacen.

El cambio climático

Tal y como veo yo el cambio climático, a mis 55 años de vida es muy específico.

En mi juventud; yo nací en el País Vasco y a la lluvia débil la llamamos "Txirimiri", cada año en agosto era tenerlo y ya no nos dejaba hasta septiembre.

Mi padre me dijo una vez que pudo contar más de 120 variedades de tonalidades de verde en el País Vasco.

Las olas rompían siempre fuerte en el Paseo Nuevo y en el "Peine de los vientos" o el "Tenis".

Los inviernos eran húmedos y fríos, daba lo mismo que te pudieras lo que te pusieras que la humedad te entraba hasta los huesos.

Cada x años escuchabas que el huracán tal estaba soplando por el Norte o por cualquier otro lugar.

La manipulación del clima

Por si fuera poco, a la posible manipulación de las mentes humanas y las modificaciones en la ionosfera habría que sumar nuevos efectos negativos. El propio creador del calentador ionosférico del proyecto HAARP, Bernard Eastlund, asegura que su invento podría, también, controlar el clima. Una afirmación que ha llevado a Begich a concluir que si el HAARP operase al cien por cien podría crear anomalías climatológicas sobre ambos hemisferios terrestres, siguiendo la teoría de la resonancia tan empleada por el genial Nikola Tesla en sus inventos. Un cambio climatológico en un hemisferio desencadenaría otro cambio en el otro hemisferio. Una posibilidad que no se debe descartar, sobre todo a tenor de las opiniones de científicos de le Universidad de Stanford, que aseguran que el clima mundial podría ser controlado mediante la transmisión de señales de radio relativamente pequeñas, a los cinturones de Van Allen. Por resonancia, pequeñas señales activadoras pueden controlar energías enormes.

En este libro Begich se pregunta si estos conocimientos van a ser empleados con fines bélicos o pacíficos, pues, según explica, hay precedentes de lo segundo precisamente durante la Guerra de Vietnam. Así, dice, el Departamento de Defensa estadounidense habría llegado a manipular relámpagos y huracanes a través de dos proyectos: el Skyfire (fuego del cielo) y el Stormfury (furia de la tormenta) en los que también se habría estado trabajando para producir efectos a gran escala a partir de pequeñas fuentes activadoras.

Y, en efecto, es mas que posible que las afirmaciones de Begich no sean tan descabelladas como pudiera parecer al principio. No en vano, unos años antes, en 1958, el capitán T. Orville (consejero principal de la Casa Blanca y encargado de los estudios sobre cambio climático) admitió que el Departamento de Defensa estaba investigando "métodos para manipular las cargas de la Tierra y el cielo con la intención de producir cambios en el clima" por medio de un haz electrónico que ionizaría o desionizaría la atmósfera sobre una zona determinada.

Después, en 1966, el profesor Gordon Mac Donald (miembro del comité científico del presidente) realizaría un comentario preocupante: "la clave de la guerra geofísica está en identificar la inestabilidad ambiental que, sumada a una pequeña cantidad de energía, liberaría cantidades ingentes de la misma ". Y en su libro futurista "A menos que la paz llegue" Mac Donald incluiría un capítulo titulado "Como destrozar el medio ambiente", en el que describe los usos de la manipulación climática, modificación del clima, desestabilización o derretimiento de los casquetes polares, técnicas para reducir el ozono, ingeniería de terremotos, control de las olas oceánicas y manipulación de las ondas cerebrales desde campos energéticos terrestres. Decía que este tipo de arma iba a ser desarrollada y una vez puesta en marcha, sería prácticamente imposible de ser detectada por sus víctimas.

¿Se estaría refiriendo ya al Proyecto HAARP?

Yo no estoy seguro de nada, solo que en esta 2 últimas décadas o tal vez las 4 últimas décadas, el clima está cambiando de forma muy abrupta y despareja.

¿LA TIERRA EN PELIGRO?

José Tous Borrás

Palabras clave: HAARP, SURA, modificación del clima, controlar la temperie, ionosfera, tiempo, Tesla, ondas electromagnéticas, armas meteorológicas.

Quizás a algunos no les suenen estas siglas, pero pertenecen a un misterioso proyecto de la Fuerza Aérea norteamericana cuyas siglas HAARP, High Frequency Advanced Auroral Research Project. Traducido al español sería, Programa de Investigación de Aurora Activa de Alta Frecuencia. En unas instalaciones militares situadas en Gakona, Alaska, se está desarrollando un misterioso proyecto el cual consiste en 180 antenas que funcionando en conjunto será como una sola antena que emitirá 1 GW =1.000.000.000 W, es decir un billón de ondas de radio de alta frecuencia las cuales penetran en la atmósfera inferior e interactúan con la corriente de los elecrojets aureales.

En este sentido debemos reseñar que la tierra se encuentra envuelta y protegida por la atmósfera. La troposfera se extiende desde la superficie terrestre hasta unos 16 km de altura. La estratosfera, con su capa de ozono, se sitúa entre los 16 y 48 km de altura. Más allá de los 48 km tenemos la ionosfera que llega hasta los 350 km de altura. Los cinturones de Van Allen se sitúan a distancias superiores y tienden a captar las partículas energéticas que tratan de irrumpir en la tierra desde el espacio exterior.

En este sentido el proyecto HAARP es uno de tantos que lleva a cabo la Marina y la Fuerza Aérea de EEUU. Otros proyectos militares implicaban o han implicado el estudio de la ionosfera, la alta atmósfera y el uso de satélites espaciales con fines más o menos singulares, vendiéndose su utilización con fines, principalmente, no bélicos. Por citar algunos otros, tenemos:

Project Starfish (1962) Se trataba de realizar experimentos en la ionosfera, alterar las formas y la intensidad de los cinturones de Van Allen, etc...

SPS: Solar Power Satellite Project (1968). Proyecto por el cual se quería generar una constelación de satélites geoestacionarios capaz de interceptar la radiación solar y transmitirla en rayos concentrados de microondas a la tierra para su uso posterior.

SPS Military Implications (1978). El proyecto SPS se rehízo para adaptarlo a fines militares. La constelación de satélites podría usar y concentrar la radiación solar para ser usada como un rayo capaz de destruir misiles u objetos enemigos, alterar las comunicaciones que utilizarán la ionosfera como pantalla reflectora, etc…

Y más experimentos donde la alteración local de la capa de la alta atmósfera, combinada con la existencia de multitud de satélites ha sido el objeto fundamental de los experimentos. Todos ellos vendidos al gran público como proyectos para realizar estudios, comprender, mejorar nuestro conocimiento de la física de la alta atmósfera. Incluso, han aparecido mensajes de la administración donde se hablaba de incrementar el nivel de ozono estratosférico y realizar estudios del impacto del cambio climático en nuestro mundo.

Por lo tanto, HAARP es uno más de estos proyectos militares llevados a cabo por la Defensa americana. Volvamos a lo que conocemos de este proyecto.

Los pulsos emitidos artificialmente estimulan a la ionosfera creando ondas que pueden recorrer grandes distancias a través de la atmósfera inferior y penetran dentro de la tierra para encontrar depósitos de mísiles, túneles subterráneo, o comunicarse con submarinos sumergidos, entre muchas otras aplicaciones.

¿Qué es el Electrojet? Hay una electricidad flotando sobre la Tierra llamada electrojet aureal, al depositar energía en ella se cambia el medio, cambiando la corriente y generando ondas LF (Low Frecuency) y VLF (Very Low Frecuency). HAARP tiene la intención de acercar el electrojet a la Tierra con el objetivo de aprovecharlo en una gran estación generadora.

HAARP enviará haces de radiofrecuencia dentro de la ionosfera, los electrojet afectan al clima global, algunas veces durante una tormenta eléctrica llegan a tocar la Tierra, afectando a las comunicaciones por cables telefónicos y eléctricos, la interrupción de suministros eléctricos e incluso alteraciones en el estado del ser humano.

El HAARP actuaría como un gran calentador ionosférico, el más potente del mundo. En este sentido podría tratarse de la más sofisticada arma geofísica construida por el hombre.

Científicos contra el Haarp

El gran peligro del proyecto HAARP es que se desconocen las consecuencias que supondría enviar tanto energía hacia la ionosfera. La doctora estadounidense Elizabeth Rauscher afirma que el HAARP pretende "bombear" cantidades ingentes de energía hacia una configuración molecular sumamente delicada que compone las capas de lo que llamamos ionosfera, y advierte de la vulnerabilidad de estas capas a las reacciones catalíticas, ya que un cambio pequeño podría desencadenar uno mucho mayor y de consecuencias desconocidas. Rauscher describe la ionosfera como una burbuja de jabón que rodea a la atmósfera de la Tierra con movimientos espirales en su superficie. Si se hace un agujero lo suficientemente grande, dice, podría "reventar" dejándonos sin el escudo protector contra los rayos cósmicos. Por su parte, Bárbara Zickhur, miembro de la Liga anti-HAARP, compara a los científicos y militares que están detrás del proyecto con "niños que juegan con un palo afilado tratando de despertar a un oso dormido", solo para ver que podría pasar...

Otro investigador, Paul Schaefer, de Kansas City, ingeniero electrónico y constructor de armas nucleares habla en el libro "Los ángeles no tocan esta arpa" de los desequilibrios provocados durante la era industrial y atómica, especialmente aquellos causados por la irradiación a la atmósfera de gran cantidad de partículas diminutas de alta velocidad. Schaefer sostiene que la velocidad antinatural del movimiento de partículas de alta energía en la atmósfera y las bandas de radiación que rodean a la Tierra son la causa de los trastornos del clima.

Según el modelo propuesto por este científico, mediante los terremotos y la actividad volcánica desaforada, la Tierra estaría descargando su calor acumulado aliviando su presión y tratando de recuperar el equilibrio perdido. Schaefer es terminante al afirmar que, si se quiere preservar al planeta, debe cesar la producción de partículas inestables que lo están enfermando.

Habría que empezar, asegura, por cerrar todas las centrales nucleares del mundo y terminar con todas las pruebas atómicas, las guerras atómicas y cualquier iniciativa relacionada con la llamada "Guerra De Las Galaxias". Además, por supuesto, de no poner en marcha el controvertido proyecto HAARP.

Por todo ello, los autores de "Los ángeles no tocan esta arpa" lideran una campaña para salvaguardar la ionosfera. Además, pretenden exigir la transparencia de los secretos militares y protestar contra todo tipo de experimento que atente directamente contra la supervivencia de la humanidad.

El importante debate sobre el calentamiento global bajo los auspicios de la O.N.U. no da más que una visión parcial del cambio climático. Fuera de los impactos devastadores de las emisiones de gases de efecto invernadero sobre la capa de ozono, el clima del mundo puede ahora ser modificado como parte de una nueva generación de sofisticadas "armas no letales." Tanto los estadounidenses como los rusos han desarrollado la capacidad de manipular el clima del mundo.

La evidencia científica reciente sugiere que el HAARP está en funcionamiento y que tiene la capacidad potencial de desencadenar inundaciones, sequías, huracanes y terremotos. Desde un punto de vista militar, HAARP es un arma de destrucción masiva. Potencialmente, constituye un instrumento de conquista capaz de desestabilizar selectivamente los sistemas agrícolas y ecológicos de regiones enteras.

Se cierra el proyecto científico más enigmático, HAARP

Publicado: 20 may 2014 20:43 GMT | Última actualización: 20 may 2014 20:44 GMT

HAARP, el centro de investigaciones de Gakona (Alaska) que se encontraba en el centro de muchas teorías de la conspiración, será desmantelada en julio.

El proyecto HAARP de estudios de la ionosfera y la aurora boreal está al borde del cierre por falta de financiación, según la revista científica 'Nature'. Para mantener el proyecto HAARP a flote hacen falta aproximadamente 2,5 millones de dólares anuales.

Las instalaciones de HAARP consisten en un cadena de transmisores de radio y antenas que se utilizan para calentar la ionosfera (la zona más alta de la atmósfera). Son capaces de crear una aurora boreal artificial y que han permitido convertir el cielo en un laboratorio para estudiar el comportamiento de las partículas cargadas en la ionosfera y otras investigaciones, serán desmanteladas este próximo junio.

El centro de investigación ionosférica más avanzado del mundo tuvo que enfrentar en su vida las acusaciones de ser un 'haz militar de muerte', un arma de control del clima e incluso un proyecto de alto secreto de control mental.

Para recibir financiación, el proyecto HAARP tuvo que mantener continuamente el equilibrio entre las tareas puramente científicas (como la investigación de la ionosfera) y los estudios realizados por encargo de DARPA, la agencia de proyectos militares del Pentágono. Sin embargo, el último experimento patrocinado por los militares termina en junio de este año.

Si hace un año que se cerró el proyecto, solo significa dos cosas:

Una que no se ha cerrado el proyecto y se sigue realizando en secreto.

Segunda cosa:

El cambio climático está despertando volcanes, intensifica vientos, crea huracanes seguidos y terremotos muy intensos.

Nikola Tesla: El Rayo de la muerte, HAARP, la energía libre y el viaje en el tiempo

El proyecto HAARP (High Frequency Active Auroral Research Program,) iniciado en 1993 es una investigación financiada por la Fuerza Aérea de los Estados Unidos, laMarina y la Universidad de Alaska para "entender, simular y controlar los procesos ionosféricos que podrían cambiar el funcionamiento de las comunicaciones y sistemas de vigilancia". Este proyecto, fue inspirado, sin duda, por la Torre de Tesla y sus experimentos de transmisión inalámbrica.

HAARP es la fuente de miles de teorías de la conspiración. En 1998 una serie de científicos manifestaron su preocupación de que HAARP podría ser usado como un arma dirigida a destruir aeronaves o para interferir las comunicaciones en cualquier punto del planeta.

En su resolución de 28 de enero de 1999 sobre medio ambiente, seguridad y política exterior (A4-0005/1999), el Parlamento Europeo señalaba que el programa HAARP manipulaba el medio ambiente con fines militares.

El Duma (Parlamento ruso) hizo un reporte donde se dice:

The U.S. is creating new integral geophysical weapons that may influence the near-Earth medium with high-frequency radio waves ... The significance of this qualitative leap could be compared to the transition from cold steel to firearms, or from conventional weapons to nuclear weapons. This new type of weapons differs from previous types in that the near-Earth medium becomes at once an object of direct influence and its component."

El sitio Haarp.net habla de un documento del Ejército de Estados Unidos donde se dice:

"Las potenciales aplicaciones de los campos electromagnéticos artificiales son diversas y pueden ser usados en muchas situaciones militares o cuasi-militares. Algunos de los usos potenciales van desde el control de masas, el combate de grupos terroristas, el control de las instalaciones de seguridad militar y técnicas de antipersonal en tácticas de guerra. En todos los casos los sistemas electromagnético serían usados para producir de leves a severas perturbaciones psicológicas o distorsión perceptiva".

Parece que está claro que la tecnología ideada por Tesla puede ser usada para crear armas poderosas: rayos de partículas de alta frecuencia u ondas de frecuencia baja que pueden ser utilizadas para afectar las ondas cerebrales y posiblemente inducir a un estado mental determinado. Ahora bien no sabemos si el gobierno de Estados Unidos o alguien más usa este tipo de armas. Ese es el asunto medular ¿nos estarán disparando frecuencias, patrones mentales desde el espejo ionosférico del cielo? No tenemos forma de comprobarlo, aunque existen miles de páginas que afirman esto.

Lo cierto es que la cuestión de los campos electromagnéticos de la Tierra y del sistema solar es clave para nuestro futuro. Los estudios más serios en relación a una posible catástrofe global apuntan a que esta (una tormenta geomagnética) sería una de las formas más probables. Estamos inextricablemente conectados a la electricidad del universo. Tal vez todos somos Tesla.

El resto del pensamiento sobre el cambio climático se lo dejo para ustedes, para que mediten, para que observen la naturaleza y puedan por sus propios medios discernir lo que observan, no seguir a pies puntilla todo lo que le cuentan, lo que les enseñan, lo que les muestran en la televisión o en la radio.

Cuestionen antes de afirmar.

Mi padre me enseñó a observar, a pensar, pero muchas veces en la vida olvidas las enseñanzas porque eres joven y piensas que lo conoces todo, que sabes de todo y que tienes que experimentar la vida por ti solo. Es cierto todo eso, pero cuando ya no eres joven, comienzas a recordar lo que te enseñaron.

Al menos es lo que me pasa a mí, que no significa que le tenga que pasar a todo el mundo, puesto que todos somos iguales pero a la misma vez somos todos diferentes.

Piensen, observen, recapaciten y empleen el raciocinio.

El despertar

Las naciones deberían de despertar y ver la realidad tal y como yo la veo.

Una nación con instalaciones Hidroeléctrica Marítima podrá suspender la producción con consumo de fósiles en un 100%.

Al tener las plataformas necesarias, obtendrá electricidad todo el tiempo y sus consumidores no dejarán de recibir electricidad, siempre que los transformadores estén en perfecto estado, los cables de la red suministradora estén en perfecto estado y ese trabajo será de los gobiernos.

Con la electricidad de las Hidroeléctricas Marítimas se garantiza que su nación reducirá la contaminación, una promesa que quizás ya tenga hecho en el COP21 de París.

Su nación, no solo obtendrá el beneficio de ser más limpio, sino que obtendrá ingresos por los CER.

¿Por qué Energía del mar?

Hay una necesidad inmediata para aplicar tecnologías de energía en general, y creo que hoy en día es el único sistema que garantiza el 100% de producción, el primer sistema que resuelve la grave escasez de electricidad en todo el mundo.

Según el índice de actualitix.com, en general, la población en todo el planeta podría aumentar en los próximos 20 años y al menos 1,6 millones de personas - un cuarto de la población mundial - viven actualmente sin electricidad.

La contaminación del aire causada por el uso de combustibles tradicionales expone a miles de millones de personas, especialmente mujeres y niños, a riesgos para la salud cardiovascular y respiratoria significativos. Y no como se suele decir, que el tabaco es el causante de todas esas afecciones; no digo que no lo sea, pero en menor medida.

Los impactos ambientales adversos comienzan en las represas o sea, aguas arriba del punto de uso final de la energía.

La extracción de combustibles comerciales, como el carbón, el titanio, el silicio y el petróleo es altamente perjudicial para los ecosistemas y se convierte en un problema inmediato de la tierra y la contaminación del agua.

Creo que la energía de la mar, en general, y mi sistema, en particular, es la solución más rápida y fiable de las mencionadas dificultades. Un estudio hecho en Argentina, estima que la energía que se puede producir de los océanos es igual a dos veces la cantidad de electricidad que el mundo produce ahora. Tal cantidad de energía eficaz, limpia y rentable, sin duda ayudará al desarrollo ecológico y económico del mundo.

Los océanos son un sistema circulatorio perfecto, las corrientes están siempre en movimiento, moderan la temperatura y los niveles de CO_2 y lo más importante, son el hábitat de miles de especies que se emplean para alimentar al ser humano y por defecto influye en la economía de las naciones costeras.

Mientras que la energía eólica domina actualmente la industria de la energía renovable, la energía marina también tiene un enorme potencial. La eólica no puede competir con la energía de los océanos, tal y como se puede comprender, claramente se puede discernir que el viento no está todas las horas, ni todos los días del año, pero el agua de los océanos está las 24/365 del año.

Ningún sistema puede competir con el Alpha del sistema de producción de energía, porque se alimenta de lo más grande que tenemos en el Planeta Tierra. Los océanos cubren las ¾ partes del planeta, riega millones de km de la costa y para producir 4 veces más de electricidad que se podría gastar, no sería necesario cubrir todos los km de costa, sino un par de km en todo el planeta.

El despertar de este Alpha, significaría que usted podría tener toda su casa con todo eléctrico; desde el auto o el coche, hasta el menor de los electrodomésticos, sin olvidarnos de poder construir casas totalmente inteligentes con energía eléctrica. Las empresas podrían obtener máquinas eléctricas, cambiar sus viejas máquinas de combustión por máquinas sofisticadas de energía eléctrica, mucho más precisas y seguras.

El despertar de este coloso es solo beneficio para el pueblo y, para las empresas. Lo que significaría que la Nación ganaría en confort y economía.

El planeta ganaría porque no se contaminaría, no se emitiría nada más que un pequeño porcentaje de CO_2 y por lo tanto podríamos reducir el cambio climático.

No digo de revertirlo, porque son muchos años de contaminación, de polución y de envenenamiento del Planeta.

No digo que es el milagro que nos va a salvar del desastre, pero sí digo que será el sistema que va a reducir la contaminación y que puede reducirla hasta un 80%.

Por lo tanto si conseguimos reducir ese porcentaje para antes del 2020, podríamos comenzar a sentir el equilibrio de todas las situaciones que en la actualidad están desequilibradas.

El ser humano necesita poner las cosas en su lugar, dar a la naturaleza lo que le corresponde y obtener lo que nos da libremente.

Estar más acorde con la naturaleza y no estar en desacorde como estamos desde hace cientos de años.

El progreso no debería de estar en discordancia con la naturaleza, sino todo lo contrario, la naturaleza enferma, nos enfermaría a todos, la naturaleza muerta, nos mataría a todos y por lo tanto tenemos que cuidar la naturaleza para que la naturaleza nos cuide a nosotros.

Expectativa de EB

¿Qué expectativa se tiene con EB?

Principalmente es eliminar la producción de CO_2, tan dañino al Planeta. Si prefieren, podemos llamar al Planeta por el nombre de Gaia.

La hipótesis de Gaia es un conjunto de modelos científicos de la biosfera en el cual se postula que la vida fomenta y mantiene unas condiciones adecuadas para sí misma, afectando al entorno. Según la hipótesis de Gaia, la atmósfera y la parte superficial del planeta Tierra se comportan como un todo coherente donde la vida, su componente característico, se encarga de autorregular sus condiciones esenciales tales como la temperatura, composición química y salinidad en el caso de los océanos. Gaia se comportaría como un sistema auto-regulador (que tiende al equilibrio). La teoría fue ideada por el químico James Lovelock en 19691 (aunque publicada en 1979) siendo apoyada y extendida por la bióloga Lynn Margulis. Lovelock estaba trabajando en ella cuando se lo comentó al escritor William Golding, fue éste quien le sugirió que la denominase "Gaia", diosa griega de la Tierra (Gaia, Gea o Gaya).

EB al reducir el CO_2 creado por el ser humano, el equilibrio de Gaia se recuperaría y por lo tanto el clima se restauraría.

Por eso la principal expectativa.

Reconozco que solo es una suposición, un deseo o una tesis sin probar, pero muchas tesis se han probado y han resultado fértiles.

¿Qué perdemos con intentarlo?

Perder no se pierde nada, ganar, ganamos un sistema que proporciona la electricidad necesaria y sin contaminar e ilimitada, por lo menos hasta que el cambio climático deje o disminuya sus efectos.

El desempleo, la formación de personal cualificado y una economía estable, son otras expectativas que tiene EB.

Cada plataforma Hidroeléctrica Marítima precisa más de 200 puestos de trabajo; directa e indirectamente.

Se precisaría formar ingenieros especializados en oceanografía e hidrografía marina, conocer las olas, las mareas, su fuerza, la salinidad y la vida marina costera.

Se tendrían que estudiar nuevos materiales resistentes al salitre y el estudio de nuevas máquinas energéticas hidráulicas.

En economía, al ser un sistema de energía ilimitada, se reducirían los costos de producción y por efecto directo repercutiría en los costos de electricidad, creando una economía más estable tanto a los gobiernos como al consumidor.

Hidroeléctrica Marítima es compatible con el sistema fotovoltaico y eólico, por lo tanto el alumbrado público se podría utilizar con estos sistemas, produciendo menos gastos para el gobierno.

LA EFICIENCIA

Nuestros deseos humanos son ilimitados. La Economía debe sacar el mayor provecho de sus recursos limitados. Esto nos lleva al concepto fundamental de eficiencia.

Definición: Eficiencia significa la utilización de los recursos de la sociedad de la manera más eficaz posible, con el fin de satisfacer las necesidades y los deseos de los individuos.

Se dice que una economía produce eficientemente cuando no es posible mejorar el bienestar económico de una persona sin empeorar el de alguna otra.

La esencia de la teoría económica es asumir la realidad de la escasez y averiguar cómo debe organizarse la sociedad a fin de utilizar del modo más eficiente posible los recursos de que dispone.

El fundador de la economía como ciencia se considera que es Adam Smith, quien publicó, en 1776, La Riqueza de las Naciones. Smith predicaba una doctrina revolucionaria que liberaba el comercio y la industria de las ataduras de una aristocracia feudal. Más específicamente, se le considera el fundador de la Microeconomía, rama de la Economía que se ocupa, actualmente, de la conducta de entidades individuales tales como los mercados, las empresas, los hogares de los consumidores...

Smith analizó cómo se fijan los precios en la tierra, en el trabajo, en el capital y también investigó las inferioridades, las virtudes y los defectos del mecanismo del mercado.

De todo ello concluyó que los mercados eran notablemente eficientes e hizo notar que los actos interesados de los individuos generan un beneficio económico.

Desde el análisis de Smith todas estas cuestiones siguen siendo temas de investigación en la actualidad.

La otra gran rama de la Economía es la Macroeconomía. Ésta se ocupa del funcionamiento general de la Economía, de los grandes agregados económicos (renta, producto nacional...).

La Macroeconomía, en su forma más moderna, no existió hasta 1935. En ese año, John Maynard Keynes publicó Teoría General de la Ocupación, el Interés y el Dinero. En esa época, todos los países occidentales (Inglaterra y EEUU) aún se encontraban sumidos en la gran depresión de los años '30. Más de la cuarta parte de la población activa americana estaba desempleada. Keynes analizó las causas del desempleo y de las recesiones económicas así como cuáles eran los determinantes de la inversión y los factores que determinaban el consumo. También analizaba porque algunos países prosperan mientras que otros se estancan. También la gestión de los bancos centrales en cuanto al dinero y los tipos de interés.

Sostenía Keynes la teoría de que el Estado podía contribuir significativamente, de una forma clave, a allanar o amortiguar las oscilaciones de los ciclos económicos.

El Contexto

El planeta ya no puede tolerar a los ecologistas. Ha llegado la hora de dar un enorme paso hacia adelante en nuestra relación con la naturaleza, poniendo como nuestro principal objetivo físico-económico de largo plazo el desarrollo de una economía basada en la fusión, poner el poder de los océanos bajo nuestro control. No es un objetivo que se pueda conseguir de forma aislada, y la perspectiva mental congruente con tal objetivo exige acción inmediata tanto en el frente político como en el físico-económico.

Se debe asegurar un nuevo orden internacional, que no se base en mantener la hegemonía en un mundo estático, sino en la cooperación científica y tecnológica para el beneficio de todas las naciones.

La gente nunca se conforma con lo que tiene; siempre quiere más. Aunque esto se puede interpretar como avaricia, puede reflejar simplemente el deseo de la humanidad de mejorar su situación.

CB al producir el total del consumo de electricidad, se facilita que la humanidad tenga mejoras en su situación de útiles eléctricos.

Por ejemplo: Celulares, ordenadores, vehículos eléctricos, electrodomésticos, etc.

Cada vez existen más formas de crear electricidad con un tipo de energía limpia y eficaz para el medio ambiente. Poco a poco la filosofía está cambiando y se están aprovechando más tipos de energías renovables. Una de ellas es la energía Hidroeléctrica Marítima, aquella que aprovecha el caudal forzado del agua marina, así, generar electricidad. La energía Hidroeléctrica Marítima es un tipo de energía sostenible y verde que podría tener un gran futuro.

De manera eficiente e ilimitada se pueden conseguir grandes cantidades de energía. Las 24/365 horas/días del año sin interrupción de factores climáticos.

Son más expectativas las que se pueden contemplar, pero prefiero dejarlas madurar más y mostrarlas en un futuro no muy lejano. Espero.

Comunicarse con Manuel Falque Armada:

+598 94 390321

+598 094 390321